面向装配现场的机器人精密制孔系统

刘伟军　焦安源 等　著

科学出版社
北京

内 容 简 介

本书主要对航空航天制造产品开展了在装配阶段实现自动化制孔的研究，旨在推进机器人制孔系统的应用。本书内容包括：设计、研发钻孔末端执行器和螺旋铣孔末端执行器；完成制孔系统软件开发，对执行器路径规划、作业算法、检测功能进行开发；实现机器人与末端执行器的自适应控制；对钻孔机理进行研究，对叠层材料进行钻孔试验；对铣孔机理进行研究，分别对 TC4 钛合金、CFRP 进行钻孔试验；对孔内表面精整、孔缘毛刺去除机理进行研究并基于 TC4 钛合金材料对孔内表面精整、孔缘毛刺去除分别进行试验分析。

本书具有一定的理论高度和较高的实用价值，既可供从事航空航天领域自动化制孔和机械制造的工程技术人员参考，也可以作为高等院校制造类专业本科生和研究生的参考书。

图书在版编目（CIP）数据

面向装配现场的机器人精密制孔系统 / 刘伟军等著. —北京：科学出版社，2023.11

ISBN 978-7-03-073347-4

Ⅰ. ①面… Ⅱ. ①刘… Ⅲ. ①航空航天工业—装配机器人 Ⅳ. ① TP242.2

中国版本图书馆 CIP 数据核字（2022）第 184576 号

责任编辑：姜 红 张培静 / 责任校对：郑金红
责任印制：赵 博 / 封面设计：无极书装

科 学 出 版 社 出版
北京东黄城根北街 16 号
邮政编码：100717
http://www.sciencep.com

北京天宇星印刷厂印刷
科学出版社发行 各地新华书店经销
*

2023 年 11 月第 一 版 开本：720×1000 1/16
2024 年 5 月第二次印刷 印张：14 1/4
字数：287 000

定价：128.00 元
（如有印装质量问题，我社负责调换）

前　　言

在航空航天等领域，孔类零部件应用非常广泛，这些孔主要用于螺栓连接、销连接或铆接，因此，结构设计人员对孔的位置精度、尺寸精度、表面形貌和毛刺等都有较高要求。随着人们对航空航天飞行器性能要求的不断提升，对制孔的质量和效率的要求也不断提高。伴随切削机理、表面创成机制、缺陷分析等理论研究和测试水平的提升，以及数字化制造和智能化制造的推广，机器人制孔系统已经在很多零部件的制造环节得以应用，但这仍不能满足人们对飞行器高可靠性、长寿命和高质量的要求。在装配现场利用机器人制孔系统进行制孔，可以实现对多个连接件装配定位后制孔，能够减少单个零部件变形和定位精度引起的尺寸误差，保证连接性能。同时，生产环节的减少也有利于制造效率的提高。

本书主要面向装配现场，结合制孔的相关技术需求，提出了机器人制孔系统的基本方案，并针对制孔末端执行器研制、制孔机理和工艺研究、机器人制孔系统软件开发与集成等技术方法和应用实践等进行了阐述。作者结合自己以及团队十多年的研究成果，注重实践与应用，以碳纤维复合材料、叠层材料、钛合金、高温合金等为实例，对装配现场的机器人制孔工艺和毛刺去除工艺等进行了详细研究，这些数据可以为相关产品的制孔提供参考和借鉴。

沈阳工业大学刘伟军教授团队在航空航天关键零部组件智能装配领域经过多年的沉淀与积累，通过归纳总结形成了本书的内容。这些成果得到了国家科技重大专项"高档数控机床与基础制造装备"子课题"传动支架自动钻铆系统设计与制造"（编号：2016ZX04002004-006）、子课题"螺旋铣末端执行器及专用刀具集成控制及工艺验证"（编号：2016ZX04002005-03），以及2014年智能制造综合标准化与新模式应用项目"座舱盖/风挡脉动装配生产线"的资助与支持。本书由沈阳工业大学刘伟军负责统稿，并撰写第2、3、5章，沈阳工业大学的张恒负责撰写第1章，沈阳工业大学的杨迪负责撰写第4章，辽宁科技大学的焦安源负责撰写第6、7章，沈阳慧远自动化设备有限公司的蔡清华也参与了部分资料检索、插图绘制、文档整理等工作。

本书内容丰富，有一定基础理论且实践性较强，对生产实践有一定帮助。但由于作者水平有限，书中难免出现不妥之处，恳请读者批评指正。

作　者
2022 年 7 月

目　录

英文缩写表

英文全称	英文缩写	中文全称
acrylonitrile-butadiene-styrene	ABS	丙烯腈-丁二烯-苯乙烯
advanced drilling unit	ADU	高级钻孔设备
analog input	AI	模拟输入
automatic system and assembly of aeronautics panels	SAMPA	航空壁板自动装配系统
back propagation	BP	反向传播
barrier Lyapunov functions	BLF	障碍李雅普诺夫函数
carbon fiber reinforced plastics	CFRP	碳纤维增强塑料
C-fram panel assembly cell	CPAC	C 型架壁板组装单元
charge-coupled device	CCD	电荷耦合器件
computer numerical control	CNC	电脑数控
contrastive predictive coding	CPC	对比预测编码
Denavit-Hartenberg matrix	D-H	D-H 矩阵
digital input	DI	数字输入
digital output	DO	数字输出
flange rib assembly cell	FRAC	凸缘肋组装单元
flexible drilling head	FDH	柔性钻头
input output	IO	输入输出
light emitting diode	LED	发光二极管
magnetic abrasive finishing	MAF	磁力研磨
manufacturing execution system	MES	制造执行系统
minimal quantity lubrication	MQL	微量润滑
mod Denavit-Hartenberg matrix	MD-H	改进 D-H 矩阵
multi panel assembly cell	MPAC	多壁板组装单元
multiple input multiple output	MIMO	多输入多输出
one-sided cell end effector	ONCE	单侧单元末端执行器
personal communications	PC	个人通信
polycrystalline diamond	PCD	聚晶金刚石
peripheral component interconnect	PCI	外设部件互连
product of exponential	POE	产品指数
programmable logic controller	PLC	可编程逻辑控制器
programmable multi-axis controller	PMAC	可编程多轴控制器
proportion integration differentiation	PID	比例-积分-微分

英文全称	英文缩写	中文全称
radial basis function	RBF	径向基函数
radio frequency identification	RFID	射频识别
response surface methodology	RSM	响应面方法
robot assembly cell	RACE	机器人组装单元
wallboard pinna assembly cell	WPAC	壁板翼片组装单元

　　2015 年以来，我国将提高制造业基础水平、强化制造业智能化建设作为重点发展方向，力争在新中国成立一百周年之际使我国成为具有全球引领影响力的制造业强国[1,2]。国家在"十四五"规划中再次明确提出我国将继续坚定不移推动中国制造从"大国"迈向"强国"，将继续坚持智能制造主攻方向不动摇的坚定目标[3]。我国制造业发展重心将仍以工业化与信息化融合的广度和深度不断拓展为主，以实现智能制造与智能生产为目标，实现工业生产与客户需求的紧密结合[4]。

　　实现制造大国向制造强国的转变，智能制造是制造业发展的主攻方向[5]。机器人在智能制造装备中有着不可或缺的地位，未来将作为智能制造研究工作重点突破的对象之一[6]。机器人作为智能制造的核心装备，具有工作效率高、使用成本低、人机交互便捷、作业柔性高、节省场地空间等优点，广泛应用于汽车、电子、机械等行业中[7]。早期机器人主要应用于抓取作业，后来逐步应用到各类接触式或非接触式的应用之中[8]。如今机器人通过与智能技术、工艺数字化、多种类传感器进行融合，已可以在复杂、恶劣的工作环境中完成不同需求的任务。

　　近年来国际航空制造业快速发展，国内航空制造业面临激烈的行业竞争，生产效率低、质量稳定性差、生产成本上涨等问题日益严重，生产模式转型已迫在眉睫，智能制造必将成为航空制造业未来发展的新方向。智能机器人具有良好的智能感知与决策能力，能够适应航空制造业批量小、种类多的生产特点，将有助于我国航空制造业实现生产模式转型、产业结构升级，促进国内航空制造业增速发展。

　　航空制造业中，装配任务占据飞机生产总工作量的 40%～46%[9]，激烈的市场竞争及相关技术不断发展，飞机装配效率、质量及成本控制等需求不断提高，促使飞机装配技术由传统手工装配、半机械/半自动化装配、机械/自动化装配逐步过渡到柔性化装配，如今正朝着智能装配的方向迈进[10]。

　　飞机装配过程中，制孔任务约占据装配总工作量的 80%，数量多达数百万[9]。航空设备特殊的使用环境对制孔的精度和质量提出了更高的要求。资料显示，70%的飞机机体疲劳失效事故起因于结构连接部位，其中 80%的疲劳裂纹发生于连接孔处[11]。传统的手工制孔具有能适应机身复杂结构、操作灵活的特点,但是手工制孔难以保证质量一致性,孔质量的好坏更多是依赖于操作者的经验与工作状态,存在加工效率低、孔定位精度与侧壁质量较差等问题。制孔结束后需要单独对孔壁毛刺进行加工、清理,进一步造成人力资源的消耗。近些年复合材料在飞机制造中广泛应用,对人工技能水平提出了更高的要求,且复合材料加工过程中产生的粉尘对工作人员的身体健康造成一定危害。机器人替代传统的手工制孔已成为必然趋势,机器人可根据设定好的工艺参数进行自主作业,根据传感器的反馈数据实现闭环控制,可有效保证装配孔的加工质量。

不同于机器人自动钻铆系统,机器人制孔系统是基于实际生产的综合效率、加工可实现性、设备成本、设备可靠性等因素,同时满足飞机部件拼接、总装等一些开敞性较差工位加工而选择的一种折中方案,机器人制孔系统可以有效提高生产效率、保证加工质量、降低设备成本、提高设备整体可靠性,目前受到国内外的普遍关注。

■ 1.1 制孔技术及其设备发展

随着我国航空事业快速发展,对飞机性能各项指标的要求越来越高,为了提高飞机结构强度、降低飞机重量,各种复合材料、钛合金等材料在飞机制造中使用比例正逐渐增加,随之而来的便是对飞机的制造、装配工艺提出了更高的要求。飞机装配过程中,制孔工作量大,制孔质量、效率对飞机结构完整性和装配周期的影响较大[12]。飞机制造使用的材料种类逐渐增多,如复合材料-铝、钛-铝、复合材料-钛等材料的叠成组合,传统手工制孔技术已无法满足对孔的质量要求,且叠层材料加工难度大,进一步影响了飞机装配效率。近年来,得益于建模仿真、机器人控制、激光及视觉传感器定位系统等技术的不断发展,制孔设备已由传统的手工制造逐步过渡到半自动制孔设备和自动化制孔设备。下面对飞机手工制孔、半自动制孔及全自动制孔进行介绍。

1.1.1 手工制孔

手工制孔指通过人工手持工具完成制孔作业,常见工具有手电钻和气钻,目前主要以气钻为主。手工制孔灵活性高,对制孔设备、场地空间要求低,在大型复杂结构零部件装配中仍是一种不可或缺的加工方法。手工制孔稳定性差,易导致钻孔时手部在空间中产生三个方向的抖动[13],刀具轴向进给、孔定位都要依靠手工完成,操作者对刀具稳定性、进给速度稳定性等方面控制较差[14],将难以保证孔加工质量。复合材料等难加工材料的大量使用进一步降低了手工制孔效率,已逐渐无法满足飞机制造交付周期。

1.1.2　半自动制孔

半自动制孔指操作者使用带有自动进给功能的工具完成制孔作业[12]，较常见半自动制孔设备有自动进给钻和便携式螺旋铣孔设备。

1.　自动进给钻

自动进给钻是一种先进的制孔工具，能调节不同的转速、以一定的进给率钻出高质量孔，能够有效降低人工操作强度，提高制孔效率和质量[15]。自动进给钻根据制孔时刀具的进给方式可分为常规自动进给钻、啄钻式自动进给钻和微啄式自动进给钻[12]。

（1）常规自动进给钻制孔时刀具沿其轴线向前做进给运动至加工结束。

（2）啄钻式自动进给钻制孔时刀具沿轴线往复运动，刀具沿轴线向前进给后退刀至设定好的参考位置。通过退刀动作可以排出切屑并有效降低刀尖温度。但退刀动作降低了加工效率，产生的振动导致切屑划伤孔侧壁，降低孔耐疲劳性。

（3）微啄式自动进给钻在制孔时刀具沿主轴进行自动进给的同时进行低频往复运动，刀具轴向振幅小于 0.5mm。与啄钻式自动进给相比，微啄自动进给能有效降低钻削过程中产生的热量，提高工具钻削能力。同时，小片的排削降低了划伤孔壁的风险，提高了孔的精度、表面质量和加工效率。

国外对自动进给钻研制较早，常见品牌有 Desoutter、Novator、APEX、Quackenbush[TM]、LÜBBERING、Atlas Copco 等。

Desoutter 研制的 ADU 自动进给钻有 ST1200 和 ST2200 两个系列，如图 1.1 所示。产品输出功率可达 2100W，孔加工精度 H7 级，锪窝定位精度 0.02mm。产品的进给行程可以通过对电机进行编程控制实现无级变速，可用于加工机翼、尾翼、机身、舱门、起落架等位置及飞机日常维修中的制孔作业。产品采用模块化设计，可根据不同的零件材质、结构更换已存储好不同动力参数的钻削动力头，具有微啄功能，钻孔、铰孔、锪窝可一次加工完成。

图 1.1　Desoutter 自动进给钻

Novator 公司开发的 PM 和 PMA 系列半自动钻孔系统，具有手动调整偏移/偏心率和可编程功能，满足对叠层材料制孔的能力。可通过手动方式调整偏心度来改变孔径，还可以调整进给速度、自转速度和公转速度等参数，具备用 RFID 自动识别孔及高效真空排屑等基本功能。

国内北京航空航大大学与上海飞机制造有限公司共同研发了一种可换装电动自动进给钻，如图 1.2 所示。制孔设备安装在移动机器人上，制孔系统使用旋转机构将伺服电机与钻头连接实现制孔，进给电机与整个制孔系统连接实现进给运动。孔加工完成后由移动机器人实现工位变换[16]。

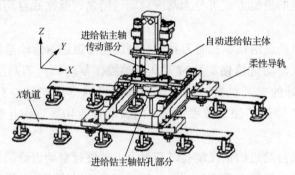

图 1.2　可换装电动自动进给钻示意图

2. 便携式螺旋铣孔设备

螺旋铣孔工艺制孔时刀具侧刃与底刃同时进行切削作业，切削过程中刀具在绕自身轴线自转的同时以一定偏移量绕孔圆心公转并保持轴向进给[17-20]。螺旋铣孔已成为国内外航空制造领域制孔技术研究热点之一，其主要特点有[21-23]：

（1）刀具加工过程中同时进行自转与公转，实现偏心加工，刀具直径小于孔径，可实现一种刀具加工多种孔径，有效减少了更换刀具的时间，提高了加工效率，同时，减少了刀具采购数量，降低了生产成本。

（2）螺旋铣孔断续铣削的特点更加有利于刀具散热，轴向力小提高了刀具寿命，可使用微量冷却液或风冷实现冷却，节能环保。

（3）偏心加工使孔内有足够的空间排除切屑，有效减少了切屑划伤孔侧壁的现象，提高了孔的加工质量及精度。

空客与 Novator 公司合作开发研制便携式螺旋铣孔设备项目产品，后续 Novator 公司又推出 Twin spin PX3 轻型便携式螺旋铣孔设备，如图 1.3 所示，这些设备均已应用到空客飞机的装配生产中，有效降低了飞机生产成本、缩短了生产周期[24]。Novator 公司研制的设备同时也应用于波音飞机的生产中，并有较好的效果[25]，日本的 Yagishita 等也研发了便携式螺旋铣孔单元，如图 1.4 所示[26]。

图 1.3　Novator 便携式螺旋铣孔设备　　　图 1.4　Yagishita 便携式螺旋铣孔单元

　　国内大连理工大学开发出多款螺旋铣孔单元,如图 1.5 所示。该设备制孔通过 PLC 搭建控制系统实现可变参数程序化控制,由气动马达驱动自转,电机驱动公转和进给,公转转速 1~40r/min。主轴上集成了中心冷却装置,可利用油雾微量润滑,刀具通过 ER16 或 ER20 弹簧夹头装夹。经试验验证在钛合金和超高强度钢上制孔时,孔精度达到 IT7,孔壁粗糙度达到 $Ra1.6$,多款设备已在上海飞机制造有限公司投入使用。中国航空制造技术研究院研发了一种全电动的便携式螺旋铣孔单元,如图 1.6 所示[27]。该设备主轴功率 850W,最大制孔直径 20mm,重量18kg,使用 ER20 弹簧筒夹装夹刀具。试验验证在铝合金上制孔时加工尺寸精度达 H8,孔壁粗糙度达 $Ra2.5$。

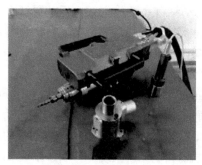　　

图 1.5　大连理工大学便携式螺旋铣孔单元　　图 1.6　中国航空制造技术研究院螺旋铣孔单元

　　半自动制孔设备使用前需要使用特定工装或载具固定,多种设备工装间互换性差,无形中会增加一定的制造成本。但与传统手工制孔相比,半自动制孔降低了现场操作者的劳动强度,提高了制孔效率。自动进给提高了制孔质量及精度,孔一致性更好,在飞机制造技术逐渐进步的当下仍具有较高的推广价值。

1.1.3　全自动制孔

　　为进一步满足现代航空制造业的需求,在飞机制造过程中需要进一步减少人为因素对产品质量的影响，提升产品可靠性。自动化技术不断发展、飞机制造装配工艺不断优化、制孔刀具和工艺不断升级、传感器定位技术不断完善使自动化制孔技术逐步融入航空制造行业。自动化制孔设备的优势可以从孔位精度、法向精度、孔径精度以及孔壁质量等几个方面体现[28]。如今自动制孔技术经过多年的发展与进步在航空装配制造中应用越来越广泛，自动制孔系统为满足各种不同工况的使用需求，已发展出大型自动制孔系统、工业机器人自动制孔系统、柔性导轨机器人自动制孔系统及爬行机器人自动制孔系统四种不同的制孔系统[29,30]。下面分别介绍其发展及现状。

1. 大型自动制孔系统简介

从 20 世纪 50 年代起，国外就开始大规模研究自动化装配技术[31]，至今对自动设备研究应用已有几十年历史[32]。大型自动制孔系统一般是指能够实现铆接功能的自动钻铆系统，其中包含机械、电气、自动控制传感器检测等先进技术。自动钻铆系统如今可以实现定位、压紧、制孔、锪窝、送钉、涂胶、铆接及检测一系列作业自动化独立完成，也可根据使用需求，通过编程控制实现多种功能随机组合。自动钻铆系统可应用于航空设备组装、总装工作，可对多种叠层材料进行铆接或紧固件安装等，已成为航空航天制造领域的关键设备。

自动钻铆设备按结构形式可分为龙门式自动钻铆系统、C 型架式自动钻铆系统及机器人自动钻铆系统。前两种设备刚性好、精度高、提供的铆接力大，可用于开敞性好的大型结构件自动钻铆；机器人自动钻铆系统成本低、运动灵活、空间利用率高、可达性高，适用于开敞性差的壁板自动钻铆装配。自动钻铆设备按铆接驱动方式又可分为气动锤铆、伺服压铆和电磁铆接[8,33,34]。

国外自动钻铆设备供应商有美国捷姆科（Gemcor）和 EI（Electroimpact）、德国宝捷（Broetje）、意大利 B&C（Bisuach & Carru）、法国 Alema、西班牙 MTorres。

Gemcor 是美国最早的自动钻铆设备制造商[35]，经过数十年发展其生产的自动钻铆系统已能够完成对机身、机翼、发动机吊舱、发动机短舱、登机门等零部件的装配任务，该公司主要产品有 G12、G86、G2000 机身自动钻铆系统[36-38]（图 1.7），G14 机翼自动钻铆系统[39]及机器人自动钻铆系统。其中，机身自动钻铆系统均实现了精准定位、法向测量与调整、压力脚自适应控制、末端执行器全电驱动、自动点胶等功能，G12 与 G86 采用 5 轴 CNC 系统、G2000 采用 7 轴 CNC 系统，均可实现大尺寸零件加工并具有较高的承载能力。机器人自动钻铆系统能够实现对多种零件规格、多种叠成材料（钛合金、碳纤维复合材料、铝合金、铬镍铁合金等）制孔和铆接。

美国 EI 公司成立于 1986 年，经过 30 余年的发展，现已成为全球自动装配领域具有巨大影响力的公司之一，该公司以电磁铆接技术为核心，产品广泛应用于航空制造装配领域[40]。其产品主要应用于机身、机翼、大曲率壁板装配工作，具体型号有 E3000 翼梁自动钻铆系统，E4000、E6000 机翼自动钻铆系统，E5000、

E7000 机身自动钻铆系统。其中 E4000 系列可用于空客 A320、A340、A380 等机型飞机机翼壁板装配[41-44]，为解决波音 787 机身装配过程中筒段机身开敞性差、易变性、紧固件种类多等问题，E5000 采用内外分离铆头协调配合加工方式实现高精度装配作业，解决了传统自动钻铆设备对于开敞性差部件加工存在的弊端[45,46]，E7000 使用无头铆钉的铆接速率可达 20 颗/min，已达到世界领先水平，可实现大曲率壁板的高速钻铆装配[47]，如图 1.8 所示。

图 1.7　G200 机身自动钻铆系统　　　　图 1.8　E7000 机身自动钻铆系统

德国 Broetje 公司是全球自动钻铆设备主要供应商之一，其产品主要用于飞机壁板、机身及机身总装。主要产品型号有：CPAC、FRAC、MPAC、WPAC 及 RACE。MPAC 最具代表性，可以实现多种机型的壁板装配作业，国产大飞机 C919 机身壁板就是采用该系统进行钻铆装配[48]，如图 1.9 所示。

图 1.9　MPAC

我国早在 20 世纪 70 年代便启动了对自动钻铆设备的研发工作，但由于当时相关技术水平限制，研制成果并不理想，无法满足企业量产的使用需求。后来随着改革开放不断推进，我国开始从国外引进先进的自动钻铆设备[49]，其中包括 1993 年航空工业成都飞机工业（集团）有限责任公司引进 G4026 与 RMS335 自动钻铆机[50]和中航西安飞机工业集团股份有限公司引进 Gemcor 公司 G4026SXX-120 自动钻铆机等。基于引进设备，浙江大学、南京航空航天大学、哈尔滨工业大学等国内多所高校与航空工业成都飞机工业（集团）有限责任公司、中航沈飞股份有限公司等航空制造企业展开合作对自动钻铆设备进行自主研发。如上海拓璞数控科技股份有限公司与上海交通大学合作，于 2015 年成功研制出中央翼自动钻铆设备。该设备集法向测量、自动涂胶、多规格自动送钉、力/位伺服压铆等功能于一体，能够实现对中央翼上壁板处无头铆钉的伺服压铆，其最大压铆力能够达到 10t，自动钻铆循环效率达 8s/颗。大连四达开发了圆弧龙门式大型飞机蒙皮数字化制孔系统，功能上与 EI 公司的 E7000 相似，均可用于航空航天领域大曲率壁板零部件的制孔及铆接。

2. 工业机器人自动制孔系统简介

工业机器人自动制孔系统指工业机械臂末端装配自动制孔末端执行器，其能够充分发挥工业机械臂柔性好、占用空间小、人机交互能力强、编程方便等优点，通过末端执行器自动化制孔可实现制孔精度高、效率高、质量好的特点。已成为航空制造领域应用比较广泛的设备之一，目前常用工业机械臂有 ABB、KUKA、FANUC、YASKAWA 及优傲等一些国内品牌。

工业机器人自动制孔系统在国外发展较为成熟。2001 年，EI 公司与空客共同开发一款机器人自动制孔系统 ONCE，如图 1.10 所示，主要应用于 F/A-18E/F 超级大黄蜂战机机翼后缘襟翼的制孔和锪窝，制孔定位精度可达±0.5mm[51]。该系统由 KUKA KR350 六轴机器人搭载具有制孔与检测功能的末端执行器组成。在 2009 年进行升级后由 KUKA KR360 机器人搭载多功能末端执行器组成，通过视觉识别与传感功能可以实现制孔精确定位、制孔深度与叠层厚度测量等，主要应用于后缘襟翼中对蒙皮等结构进行制孔和沉头孔检查[52]。随后在 2008 年、2012 年、2014 年相继研制出多款自动钻铆机器人，分别用于飞机机翼后缘、襟翼、机身部段等飞机部件制孔、检测、铆接作业，基于 CNC 系统控制可实现高精度、高质量制孔满足飞机装配要求[53,54]。

图 1.10   ONCE

Broetje 公司基于 KUKA KR360 机器人研制自动钻铆装配系统，主要用于飞机舱门装配作业，机器人经过误差补偿、闭环反馈后可实现±0.3mm 的定位精度[55]。美国 EOA 公司与波音公司联合研发了一款可以对多种材料飞机蒙皮进行制孔、锪窝的自动制孔系统[56]。德国弗劳恩霍夫协会研发的移动铣削机器人装备通过集成双目视觉伺服控制技术与关节转角反馈控制技术，使得机器人轨迹精度达到±0.35mm，重复轨迹精度±0.063mm，已成功应用于空客 A350 机身及翼面部件的修配[57]。Novator 公司为波音、空客等知名飞机制造企业研制了机器人螺旋铣孔系统，以完成钛合金、复合材料等难加工材料的大直径孔的制孔作业，通过新工艺手段优化作业质量[58]。

国内对于飞机部件机器人制孔系统的研制起步相对较晚，目前仍处于初期阶段[59]，主要由高校与科研院所担任研究工作。其中，北京航空航天大学设计出一款能够对铝合金、钛合金等材料进行制孔的机器人自动制孔控制系统，但该系统仅采用示教方式对机器人进行路径规划，编程效率低[60]。南京航空航天大学研发了双机器人协同钻铆系统，集成了误差相似度的机器人精度补偿技术，并通过压力脚两侧压紧，有效提升了翼面类部件叠层材料的制孔精度与成形质量[60-62]。中航工业陕西飞机工业（集团）有限公司与浙江大学合作研制了机器人制孔系统，并用于某型机身后段制孔。中航西安飞机工业集团股份有限公司与西北工业大学合作研制机器人制孔系统。中航工业北京航空制造工程研究所研制的机器人数字化钻铆系统，可实现制孔和铆接等功能[63]。大连理工大学基于 KUKA 六轴机械臂搭载自研的末端执行器，在制孔前能够进行误差补偿，经试验验证取得了较好的制孔效果。浙江大学研制了一款双机器人协作的自动钻铆系统，该系统能够有效解决飞机零部件开敞性差、难以加工的问题，可以有效完成机身壁板的长桁、蒙皮、钣金、隔框等位置的装配作业[64]。中航沈飞股份有限公司与北京航空航天大学机器人研究所联合研制了飞机部件级机器人自动制孔系统，该机器人可以完成大体积钛合金、铝合金和叠层飞机零部件的自动制孔[60]。

虽然国内有众多高校、科研院所与多家航空制造企业积极开展机器人自动制孔系统的设计与研发工作，并取得了较为可观的科研成果，但我国在工业机器人、制孔工艺等方面与国外顶端技术水平仍存在一定差距，未来仍需要加强开展工业机器人结构设计、控制系统、末端执行器设计、多传感器数据融合等方面的技术研究，以保证工业机器人自动制孔系统加工精度、效率及产品寿命和可靠性。

3. 柔性导轨机器人自动制孔系统简介

现代飞机制造过程中，制造周期的缩短以及对生产成本的控制，自动化制孔设备趋向于被小型化、轻便精密制孔工具代替[65,66]。柔性导轨机器人自动制孔系统是较为典型的代表，其可用于飞机机身壁板拼接、机身筒段框装配、机翼对接等大面积平缓曲面壁板装配制孔，一般能实现 4～5 轴的制孔功能，如图 1.11 所示。其具有便携式的特点，可以直接将导轨吸附在飞机表面进行制孔，相较于传统的制孔设备，具有设备成本低、不需占用额外生产空间、体积小、重量轻、使用方便等特点，有望在一定程度上替代常规自动钻铆设备。

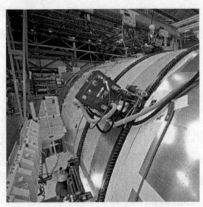

图 1.11　柔性导轨机器人自动制孔系统

2000 年左右，美国波音公司首次提出并制造了一款柔性导轨机器人自动制孔系统，主要用于大型客机机身及机翼蒙皮装配制孔。后来美国 EI、AIT、WCI，西班牙 Fatronik、MTorres 及法国 Alema 等公司相继推出不同形式的柔性导轨机器人自动制孔系统[67-69]。柔性导轨机器人自动制孔系统按照导轨形式分为双导轨式、宽导轨式、偏置导轨式和高转矩式四种类型[70]。

其中 EI 公司生产的柔性导轨机器人自动制孔系统型号为 HAWDE，该设备是一种五轴自动化机翼制孔系统，主要用于 A380 第一阶段自动钻孔。HAWDE 通过与升降机和运输机组合，可实现在机翼所有表面的制孔作业，通过动态校正后在导轨上运动精度可达±0.15mm。后来 EI 公司又将柔性导轨应用到制孔系统中，实现柔性三轴钻孔系统。柔性导轨通过吸盘与机身固定，与被加工零件完全贴合，取消了大型的辅助框架，使整个制孔系统更加简洁。

相较于国外，国内对于柔性导轨机器人自动制孔系统研究较晚[71]。中航工业北京航空制造工程研究所成功研制出国内首台柔性导轨机器人自动制孔系统，可用于飞机机身大曲率蒙皮表面自动制孔[12,72-74]；上海交通大学以 PMAC 为核心，开发出一套用于柔性导轨机器人自动制孔系统的专用数控系统[75]；李军等[76]成功研制出了柔性导轨机器人自动制孔系统，并通过了相关试验验证，可保证制孔的一致性及制孔精度要求，未来有望实现商用；浙江大学成功研制了环形导轨机器人自动制孔系统[77-80]，该系统主要用于飞机机身筒装部件的对接、装配，相较于其他柔性导轨机器人自动制孔系统，该设备刚性好、稳定性高，但占用空间场地较大，且对被加工零件的尺寸也有一定限制。

柔性导轨机器人自动制孔系统作为便携式设备的代表之一，可以实现以小制大，改变了常规加工方式。但是受导轨的限制只能加工大曲率壁板，对于结构复杂的零部件仍无法加工，且每次制孔开始前都需要长时间的准备工作，降低了一定的生产效率。对于导轨可变刚度技术的进一步研究、设备实现模块化组装等内容仍是未来重点研究方向。

4. 爬行机器人自动制孔系统简介

航空装配领域中便携式制孔系统的另一个代表——爬行机器人自动制孔系统如图 1.12 所示，由于不受被加工零件类型限制，具有自主移动、操作灵活、设备成本低等优点，爬行机器人自动制孔系统受到了国内外各大飞机制造商广泛关注，科研成果在飞机生产中得到了实际应用。

图 1.12　爬行机器人自动制孔系统

目前，国外研发爬行机器人自动制孔系统的企业有西班牙 Fatronik、MTorres、Serra Aeronautics 和法国 Alema 等公司。Fatronik 公司研制的是一种五坐标爬行机器人自动制孔系统，该系统通过 12 套吸盘与被加工零件固定来完成指定区域制孔工作，制孔过程中主要依靠视觉传感器实现定位。完成指定区域制孔后通过爬行系统移动至下一待加工区域。

西班牙 Serra Aeronautics 公司研制的爬行机器人自动制孔系统 SAMPA 系统通过四组吸盘固定在被加工零件表面，可携带具有制孔、锪窝功能的末端执行器，适用于所有机身段或双曲率壁板制孔作业。SAMPA 系统安装方便，两人在 5min 内便可完成自动制孔前的安装工作，具有良好的便携性。SAMPA 系统使用 iGPS 与视觉系统的双定位技术。首先通过 iGPS 系统实现机器人与待加工区域的定位，精度可达 1mm；然后采用末端执行器上视觉系统完成加工孔定位，精度可达 0.02mm。同时，SAMPA 系统还具有吸盘真空系统失效报警功能，能够降低吸盘失效导致设备跌落的风险。

MTorres 公司 FDH 爬行机器人自动制孔系统采用 8 个真空吸盘实现与被加工

零件固定，其行走机构运动靠丝杠驱动。该系统模块化设计使其不仅能够实现工件表面制孔，同时可以实现铆接、紧固件安装等功能。FDH 由制孔系统、行走机构、移动式电器柜、视觉及激光传感器系统组成，确保该系统能够实现精确定位与高精度制孔。该系统具有便携、重量轻、速度快且可靠性高的特点，能够满足飞机制造工业的特定需求[24]。FDH2 是 FDH 的升级产品，相比上一代它在重量、制孔、锪窝、定位精度和爬行速度方面拥有更优的设计[81]。FDH2 仍采用模块化设计的五坐标制孔系统，可用于单曲率或双曲率的筒段连接。FDH2 不仅采用视觉-激光定位系统实现孔定位，还增加了离线编程系统，使其可获取零件的基准信息，极大提高了系统定位精度，可达±0.2mm。FDH2 同样具备真空监测系统，当吸盘失效时便会发出警报。

法国 Alema 公司研制的爬行机器人自动制孔系统同样采用吸盘的方式实现定位，并采用二次定位的方式消除移动误差，提高定位精度，单次制孔区域面积为 900mm×200mm。该系统 Y 轴可弯曲，与被加工零件保持曲率一致，减少了末端制孔执行器移动造成的法向误差。

国内首台爬行机器人自动制孔系统由南京航空航天大学、北京航空航天大学和上海飞机制造有限责任公司联合研制成功，如图 1.13 所示。该系统采用 8 个真空吸盘实现与被加工零件固定，作业时可以实现五坐标运动，与国外产品类似，同样适用于飞机筒身、机翼等大面积壁板制孔。该系统是由行走机构、末端执行器、控制系统及误差补偿系统组成[82]。国内对于爬行机器人自动制孔系统领域的研究相较于国外还有较大差距，许多关键技术仍需要进一步突破。

图 1.13   国内首台爬行机器人自动制孔系统

■ 1.2   自动制孔系统分类及关键技术

航空制造领域中，制孔任务在整个飞机生产周期中具有非常大的占比，孔的位置精度和质量将直接影响飞机的飞行安全和使用寿命，传统手工制孔存在着孔质量不稳定、加工效率低、生产成本高、长期作业危害工人身体健康等一系列问题。对于我国航空制造业转型升级来说，飞机装配技术、设备均需要向自动化、模块化、柔性化、智能化的方向发展。如今，机器人精密制孔系统在飞机装配领域是一个重要的应用和研究方向[59]。如前所述，在航空制造领域中制孔系统主要大型自动制孔系统、工业机器人自动制孔系统、柔性导轨机器人自动制孔系统、爬行机器人自动制孔系统四种类型[83]。其中，柔性导轨机器人自动制孔系统和爬行机器人自动制孔系统鉴于其重量轻、可移动、可快速部署等特点又称为便携式制孔系统或轻型自动制孔系统。下面对各系统设备结构和工作特点等进行介绍。

1.2.1 大型自动制孔系统

大型自动制孔系统通常兼备铆接功能与自动制孔两大功能，具有刚性好、精度高、铆接力大等优点，多用于开敞性好、承受机身剪切、弯曲、扭转等载荷的飞机大型结构件制孔铆接作业，能够有效提高飞机装配质量和生产效率[66,84]。自动钻铆设备按铆接驱动方式可分为气动锤铆、伺服压铆和电磁铆接[11]，根据国内外大型自动钻铆设备结构形式可分为基于全自动托架的自动钻铆系统（包含 C 型和 D 型钻铆系统）、龙门式自动钻铆系统（包含龙门卧式、立式钻铆系统，机身半筒段环铆系统）和卧式双联机结构自动钻铆系统[66]。

其中，基于全自动托架的自动钻铆系统，包括 C 框和 D 框两种形式，一般由基于全自动托架的五坐标定位系统和自动钻铆机组成。典型的五坐标全自动托架由 X、Y、Z 轴和一个 A 轴组合实现 X、Y、Z、A（绕 X 轴旋转）、B（绕 Y 轴旋转）五坐标定位功能。典型的自动钻铆系统由设备本体（C 框或 D 框）、上下钻铆功能执行器（末端执行器）组成，实现钻孔、锪窝、送钉、插钉、顶紧、连接（铆接或螺接）和端头铣平等功能。

基于全自动托架的自动钻铆系统具有技术成熟、成本相对低、铆接力大等优点，适用于机翼等壁板结构的装配作业。缺点：受托架尺寸的限制，仅能加工弧度在 60°以内的零部件；托架加上工装和工件总重量较大，导致整个系统运动惯性较大，难以实现精准定位；在产品上下架时钻铆设备闲置，不利于自动化设备效率的发挥。

龙门式自动钻铆系统适用于壁板装配，龙门立式钻铆系统适合机翼壁板装配，龙门卧式钻铆系统适合机身壁板、超级壁板装配，机身半筒段环铆系统适合机身半筒段环铆。龙门式自动钻铆系统包括龙门式五坐标定位系统、末端执行器和柔性工装，基于工件摆放位置可以分为卧式和立式两种。龙门式自动钻铆系统采用五坐标定位系统实现 X、Y、Z、A（绕 X 轴旋转）、B（绕 Y 轴旋转）五坐标定位。龙门卧式钻铆系统有一种特殊的形式——机身半筒段环铆系统，该系统采用圆弧状环形龙门结构，适合壁板钻铆后组成机身半筒段的环铆。

龙门式自动钻铆系统的优点：通过合理布置生产线，可以解决产品上下架时间设备闲置问题；龙门卧式钻铆系统能加工壁板的弧度较大（MPAC可达180°），可以实现超级壁板钻铆；机身半筒段环铆系统可以实现超过180°半筒段环铆。缺点：产品复杂、制难度大、成本相对较高，龙门系统 A、B 角运动不利于实现较大的铆接力，机身半筒段环铆系统钻铆效率相对较低。

卧式双机联合自动钻铆系统由浙江大学飞机数字化装配技术创新团队自主研制[85]，该系统具有钻孔、锪窝、检测、自动送钉、插钉、注胶、压铆和铣削功能，可用于有头铆钉和无头铆钉铆接。该系统与传统钻铆系统相比，鉴于其独特的双机协同结构特点，取消了钻铆系统旋转托架，提高了对开敞性差零件的加工能力。

1.2.2　工业机器人自动制孔系统

工业机器人作为智能制造核心设备之一，能够代替人工从事简单、机械、重复的劳动，也可避免人员在有害环境中作业，确保人身安全、健康。工业机器人具有占地空间小、生产效率高、编程方便、适应性强等诸多优点，目前已广泛应用于汽车、电子等行业。如今航空制造业具有小批量、多品种的生产特点，工业机器人同样较适合应用于航空制造领域，其对航空制造业的产业升级、缩短生产周期、降低生产成本、提高产品质量等方面均会起到促进作用，有助于我国航空制造业的跨越式发展[7]。

工业机器人自动制孔系统可以实现对铝合金、钛合金、碳纤维复合材料等材料机身、机翼、平尾、垂尾、方向舵、登机门等多种飞机结构零部件进行制孔、锪窝作业。该系统实现了飞机装配中制孔过程柔性化、数字化和模块化，可以大幅度提高飞机部件的制孔效率和装配质量，降低产品开发周期，正逐步替代传统手工制孔。工业机器人自动制孔系统主要由工业机器人、末端制孔执行器、移动平台、激光传感器、视觉传感器、机器人离线编程及仿真系统、机器人控制系统、制孔执行器控制系统组成。工业机器人自动制孔系统工作流程为：移动平台首先将机器人移动到对应的制孔区域位置，使得制孔区域处于机器人较优的工作范围；然后工业机器人通过各关节臂的协调运动将末端执行器准确定位到制孔位置；最后末端执行器提供制孔所需的主轴旋转和进给切削运动以及气动压紧、油雾冷却和真空排屑等辅助操作完成制孔[32]。

工业机器人自动制孔系统具有末端执行器控制、误差补偿、法向修正、离线编程、协调通信及系统监控等功能。

（1）末端执行器控制：当末端执行器到达正确位置后控制执行器钻孔、锪窝等作业，并根据实际需求修改工艺参数。

（2）误差补偿：利用离线编程、传感器在线反馈等方式来补偿机器人运动造成的定位误差。

（3）法向修正：当末端执行器到达指定位置时，通过激光及视觉传感器测量工件表面，计算出刀具与零件表面法向偏移量，反馈给机器人进行位姿调整。

（4）离线编程：基于零件三维模型提取出关键点信息，对机器人运动轨迹做出规划、优化，节省加工时间，避免碰撞事故。

（5）协调通信：协调移动平台系统、机器人控制系统、执行器制孔系统三者通过通信，协调完成制孔作业。

（6）系统监控：对整个工业机器人自动制孔系统进行监控，当某一子系统出现异常现象时及时发出警报并停止制孔作业。

为改变人工钻铆现状，提高生产效率、节省成本，杜宝瑞等[59]设计出一套适用于飞机铝合金、钛合金以及叠层部件自动制孔机器人制孔系统，该系统使用 ABB 公司 IRB6640-235/2.25 型工业机器人搭载自行设计的包含主轴单元、进给单元、压紧单元、支承单元和传感单元的制孔执行器实现对规则平面零件钻孔加工。经检测该系统最大工作范围可达 5000mm×3000mm×500mm，孔定位精度为±0.3mm，重复定位精度为±0.2mm，制孔效率可达 4 个/min，极大地提高了飞机部件制孔的效率和装配质量。现今我国航空制造业正处于高速发展阶段，对飞机装配质量、制造周期、生产成本等方面要求会逐步提高，各企业均面临原有设备升级改造、技术更新等问题。我国在机器人自动制孔系统领域由国外整体采购到国内校企联合研制、自主开发的进步，促使工业机器人自动制孔系统成本逐渐降低，未来该系统定会在航空制造领域应用更加广泛。

1.2.3 柔性导轨机器人自动制孔系统

飞机机身、机翼装配作业时制孔量大，传统自动化制孔设备体积大，加工区域对机身、机翼零部件尺寸存在限制，造价高且通用性差。因此通用性强、柔性高的便携式制孔系统越来越受到航空制造领域的青睐，其中主要包括柔性导轨机器人自动制孔系统和爬行机器人自动制孔系统。

柔性导轨机器人主要由带有真空吸盘的柔性导轨、位姿调整系统及制孔系统三部分组成。首先制孔系统沿着柔性导轨移动至制孔位置，然后位姿调整系统对刀具姿态进行校正，以保证刀具法向垂直于零件表面，最后由刀具完成制孔作业。导轨是柔性导轨制孔机器人关键部件之一，其特点有：一是能够随工件弯曲，然后通过吸盘与零件紧密贴合；二是导轨上安装的齿条能够实现精准传动。导轨既要有良好的弹性实现弯曲，也要有良好的局部刚性来支撑制孔系统的重力且保证在孔加工过程中导轨不会发生变形。

柔性导轨按照不同的配置形式主要可分为双导轨式、宽导轨式、偏置式和高转矩式四种。双导轨式柔性导轨制孔机器人主要用于机翼蒙皮等大平缓表面自动化制孔；宽导轨式柔性导轨制孔机器人导轨之间跨距比较大，覆盖的制孔区域更大，导轨安装次数较少，可以一次性较大面积制孔，从而提升制孔效率，适用于具有多列孔的机身对接段区域制孔；偏置式柔性导轨制孔机器人主要是针对飞机边缘蒙皮表面自动化制孔问题；高转矩式柔性导轨制孔机器人属于双导轨式的加强版，输出功率大，制孔能力强，主要适用于飞机蒙皮表面较大孔径自动化制孔[70]。

柔性导轨机器人自动制孔系统通过吸盘与柔性导轨吸附固定在被加工零件表面，通常可实现 4～5 轴的制孔作业。该系统的加工精度不再依靠托架定位，仅依靠设备自身便可实现；该系统设备重量轻，可移动，安装前准备工作时间短，制孔效率得到很大提升；该系统配备柔性变曲率导轨，可加工多种不同曲率的零件，通用性强，有效降低了生产成本；该系统自动化程度高，使用简单。但受目前柔性导轨相关技术的限制，柔性导轨机器人自动制孔系统在一些类似于战机内表面、进气道等狭小空间仍无法使用。

为了提高飞机装配中柔性自动化制孔效率、质量，浙江大学毕运波等[32]提出了基于 4 个激光位移传感器测量数据，采用特征值法拟合出零件平面的方法来确认零件制孔位置的实际法向量，通过坐标变换推导出理论模型与零件实际法向偏差夹角来修正法向误差。上述方法经试验验证，可以将加工出的孔的法向偏差均能控制在 0.5°以内，制孔精度可达 H9，孔壁表面粗糙度 $Ra \leqslant 1.6\mu m$，制孔效率为 6 孔/min。

柔性导轨机器人制孔系统可用于国内 ARJ21 机头与前机身及中机身与后机身对接区、C919 机身对接区及主翼盒的制孔，同时也可应用于部分军机的制孔。中航工业北京航空制造工程研究所设计制造了一种柔性导轨制孔设备，该设备具有 4 个自由度，实现了群孔加工。同时，该研究所对面向飞机制孔的爬行、定位一体化冗余驱动并联机器人进行了研究[17]。

1.2.4 爬行机器人自动制孔系统

对于机身、机翼一类大型飞机部件来说，采用轻型制孔设备来实现以小制大、减少搬运次数将更加有助于生产效率的提升。柔性导轨机器人自动制孔系统无法自主移动导致反复安装工作量大的问题，促进了对爬行机器人自动制孔系统的研制来解决上述问题。爬行机器人自动制孔系统具有可在零件表面自主爬行、定位并完成制孔、锪窝等功能。目前已逐渐受到全球各航空制造企业的高度关注，西班牙、法国以及国内的多家航空制造企业都针对飞机装配研制了爬行机器人自动制孔系统，并且在实际的飞机装配中得到了应用。

爬行机器人自动制孔系统主要由制孔系统、吸盘与行走机构、传感器定位系统、真空系统、控制系统组成，适用于铝合金、钛合金、碳纤维等大多数航空材料制孔任务。行走机构结合运动补偿系统能够实现 X、Y、Z 和 A、B 五坐标运动，适用于大部件表面拼接和对接，如机身筒段对接、机翼表面制孔、壁板拼接等。

爬行机器人自动制孔系统的特点如下。

（1）重量轻，可直接放置在被加工零件表面。

（2）无须托架、工装，可自主定位、制孔、移动至下一制孔区域。

（3）柔性高，能够实现多类型零部件的制孔、检测。

（4）效率高，可以多套系统同时作业。

（5）便携性高，移动方便，制孔前的安装工作仅需几分钟便可完成。

（6）设备采购、使用成本低。

爬行机器人自动制孔系统基于模块化设计的理念，可以通过更换制孔模块实现注胶、铆接或紧固件安装等功能。

相比柔性导轨机器人自动制孔系统，爬行制孔机器人也有其不足，主要体现在缺少偏心制孔能力。柔性导轨机器人自动制孔系统的偏心形式能在导轨之外区域制孔，故能用于一些特定场合，如舱门、机翼前后梁装配等。爬行机器人由于其结构所限，目前开发的产品还不具备这种能力。

1.2.5　机器人自动制孔系统关键技术

航空制造业产品不同于其他传统制造业，其产品尺寸大、载荷重、材料特殊、结构复杂、性能指标精度高、生产需要专用设备、工装复杂、工艺流程多变、制造环境要求高，具有多品种、小批量、设计制造并行等特点。上述特点对机器人自动制孔系统结构、可靠性、开放性、运动精度和动态特性等核心性能提出了更高的要求。机器人自动制孔系统关键技术有机器人高精度定位、在线检测、离线编程与仿真、多功能末端执行器设计[86]。

1. 机器人高精度定位

机器人高精度定位主要包括制孔设备自身定位与工件相对于制孔设备定位，所涉及的技术有刚度结构设计、误差补偿、传感器辅助定位、法向检测。

1）刚度结构设计

数据显示，平均每 500N 的末端负载会导致机器人末端产生 1mm 的偏移量[87,88]。因此，为满足航空制造业高精度的装配需求，应进一步强化机器人作业刚度，使其能够承受制孔作业带来的附加载荷，提高机器人孔加工精度。

影响机器人刚度性能的因素主要有机器人本体结构及材料的刚度、驱动及传动机构刚度、机器人作业姿态。机器人设备均为成品采购，机器人本体结构、传动与驱动结构在其设计阶段已完成选型，在后期应用中可采用末端安装强化辅助结构来提高刚性[89,90]。相比之下，机器人姿态优化具有技术可行性高、任务适应性好、无须改变机器人结构和控制系统的优点，具有极高的工程应用价值。

机器人作业时所受到的外部载荷呈周期性变化，会造成机器人末端出现周期性振动，刀具轴向振动影响孔深度精度，刀具径向振动影响孔径精度。压力脚是目前应用较为广泛的一种强化机器人末端刚度的方式，通过与工件表面紧密贴合产生的摩擦力来抵消刀具在加工过程中的径向载荷，提高孔径精度、刀具轨迹精度。同时，压紧力消除了叠层材料的间隙，有效抑制了毛刺的产生，提高了孔壁表面质量。压力结构主要分为：①用于单点加工的刚性压力脚；②用于连续作业的柔性压力脚。刚性压力脚具备结构简单、成本低和可快换的优点；而柔性压力脚结构较为复杂，通常采用模块化设计[4]。

机器人位姿优化是一种技术成熟、可行性高的机器人刚度提升方案。常见带有移动基座的6自由度工业机器人对于某一加工位置会存在两个以上的运动学冗余自由度，再以刚度性能为优化目标，通过遍历可达机器人姿态，定会获得一个刚度最优机器人位姿[91]。该方法的关键技术包括：刚度性能评估指标和位姿优化算法。刚度性能评估指标包括瑞利熵、力椭球及刚度椭球，其中刚度椭球由于出色的适应性和计算准确性被广泛应用；位姿优化算法适应性强，适用于所有自由度冗余的机器人系统，可将运动学指标作为避免不良姿态的约束条件进行求解，是典型的单目标优化问题。

2）误差补偿

对于标准工业机器人而言，其绝对定位精度只有±2.5mm，远低于航空制造业±0.3mm 的绝对定位精度要求[92]。因此，提高机器人绝对定位精度是其在航空制造领域应用的关键。提升工业机器人定位精度可以通过提高设备零部件精度或对系统进行误差补偿来实现。前者对设备要求高，且设备运行不可避免地会出现磨损，长期维护难度较大。后者主要通过检测、计算获得设备的误差参数，然后对设备位姿进行校正，是目前提高机器人定位精度的主流方案。机器人定位误差主要由机器人运动学误差、环境因素误差、控制系统误差以及载荷变形误差等组成[93]。

误差补偿方分为在线补偿和离线补偿两种方式：稳定不变的误差如设备硬件间隙误差等可以离线补偿；而随时间、环境等因素变化的误差需要进行在线补偿，需要增加传感器进行末端反馈，末端执行器通过传感器数据进行位姿微调实现控制闭环。

离线补偿可采用标定的方法，主要包括关节级参数标定、运动学参数标定及动力学参数标定[63]。目前多数采用运动学参数建立更准确的机器人运动学模型用于离线编程与仿真来减少误差，提高装配精度。运动学模型中关节质量、刚度、工作载荷、阻尼等几何因素是模型设计的关键点，但模型无法对温度波动等非几何因素的影响进行有效评估[94]。

在线补偿要依靠所搭载的力、视觉、激光等多种传感器对零件的加工状态进行实时监测，对制孔系统的加工参数、位姿参数随时做出调整，要求传感器具有较高的精度且控制系统的反应时间足够短。

常用运动学模型有 D-H 和 M-DH，具有建模方便且通用性强的特点，完全可以满足机器人作业系统的运动学建模需求。运动学标定方法有基于测量拟合的标定方法、基于坐标系转换的标定方法及基于距离精度的标定方法等。基于测量拟合的标定方法的研究成果包括：将连杆的几何参数误差作为最主要误差源的标定法、虚拟封闭运动链标定法、误差网格标定法及基于误差相似度的标定法。基于坐标系转换的标定方法的研究成果包括：CPC 模型法、M-DH 模型法及基于 POE 方程改进的标定方法。基于距离精度的标定方法的研究成果包括：虚拟机坐标系机器人几何参数的标定方法、基于距离误差模型的标定方法及三种双机器人标定方法（基于距离的标定方法、基于平面精度的标定方法、基于直线精度的标定方法）。

机器人非运动学标定方法是将机器人等效为一个"黑盒子"，不考虑机器人误差源的具体作用机理，只研究机器人末端定位误差与关节转角之间的映射关系，建立机器人定位误差库，进而实现机器人位姿误差的评估与补偿。避免了复杂的机器人误差建模过程，能够对机器人的综合误差进行识别和补偿，克服了机器人运动学标定的参数识别不准确的问题。机器人非运动学标定方法对机器人控制系统没有开放要求，因此对不同机器人作业系统具有较高的普适性。

3）传感器辅助定位

零件与定位工装装配时会存在误差，传感器定位主要用于标定零件与制孔设备的相对位置关系，缩小零件实际安装位置原点与离线编程所用数模原点位置的偏移量。根据测量结果进行误差补偿，对制孔设备位姿进行微调，实现制孔位置的精准定位。常见传感器定位方式有视觉定位和激光定位两种方式。视觉定位通常由工业相机、镜头、LED 光源组成。视觉定位难点在于相机的标定，目前的标定方法烦琐且精度较低[95,96]。

视觉传感器的位姿估计算法根据技术原理可分为基于点特征类算法、基于模板匹配类算法及基于深度学习类算法[97]。

德国的弗劳恩霍夫协会研发的机器人制孔设备采用集成双目视觉伺服控制技术与关节转角反馈控制技术使机器人轨迹精度可达±0.35mm，重复轨迹精度为±0.063mm，该设备已成功应用于空客 A350 机身及翼面部件的修配工作。

4）法向检测

零件上孔的垂直度是孔加工质量重要的测评指标之一，孔法向误差会扩大孔径，影响飞机装配质量，降低飞机使用寿命。试验表明，当紧固件沿外载荷方向倾斜大于 2°时，疲劳寿命会降低约 47%；倾斜度大于 5°时，疲劳寿命会降低约 95%。因此，孔位点处的法向测量十分重要。导致法向误差的主要原因是零件加工前的装配误差与制孔设备运动误差的累积导致实际零件与理论模型间存在一定的偏移量。曲面法向量的测量可采用累加弦长法、样条曲面法、二次曲面拟合法、三角网格法、三点平面法、四点球面法、向量积法等。

各方法仍存在一定局限性,如三角网格法计算复杂,往往需要测量几十个数据点的坐标,实际加工中会降低工作效率且易受到设备结构遮挡等因素的干扰,不便使用。通常可采用三点平面法和向量积法,通过激光位移传感器进行非接触法向测量,但需要注意激光传感器的安装误差。

上述方法均对零件表面进行了假设,为获得更加精确的法向检测方法,仍需对拟合误差分析、假设成立条件、传感器标定等方面进行更加深入的研究。

2. 在线检测

制孔质量对装配质量有重要影响,尤其是制孔直径及锪窝尺寸。随着干涉铆接技术在航空制造领域的广泛使用,对制孔精度有了更高的要求[98],因此研究高精度制孔检测技术十分必要。EI 公司在 2013 年研制了一套接触式孔检测装置,该装置在端部集成了一个孔径规及光学编码器,采用伺服电机驱动,并设计径向浮动装配,避免探针与孔轴不重合时造成探针损坏。该装置能够在 6s 内获得孔轮廓及锪窝深度信息[99]。接触式孔检测技术容易受润滑油及切屑的影响,EI 公司又于 2014 年基于激光轮廓仪,采用 Taubin 椭圆拟合算法,研制了一套非接触式的孔检测系统[100]。

3. 离线编程与仿真

离线编程是飞机自动化装配区别于其他机械产品数控程序编程的重要特征。离线编程与仿真指通过从产品三维数模中提取出零件原点、轮廓尺寸、待加工点坐标等关键信息,为刀具进行路径规划提供数据支撑,实现自动编程[101],可以对工艺参数、刀具参数、产品数据进行管理。离线编程与仿真系统包括信息提取模块、自动编程模块、刀位文件生成模块和离线仿真模块[102]。离线编程需提取、储存被加工零件的所有尺寸信息,工作量巨大,如波音 747 每架有铆钉 200 万个、伊尔-86 每架有铆钉 148 万个[103],使信息提取模块成为该系统中最大难点。离线仿真主要包括运动仿真和变形仿真:运动仿真可以检测出加工过程是否存在碰撞风险,保证加工质量,运动仿真还可以通过检测加工轨迹是否合理以及刀具路径有无优化空间可进一步提升制孔效率;变形仿真用于分析工作载荷造成的位置偏差。

变形仿真用于分析由压紧力、铆接力产生的位置偏差等。通过仿真分析获取变形量,进行补偿,控制最终的变形量。采用自动钻铆过程中铆钉和薄壁件的应力应变分析方法,研究壁板自动钻铆连接行为及变形量分析技术有助于解决自动钻铆工艺参数优化、变形控制等问题,从而实现稳定、高效生产。大型结构件的钻铆点数以千计,不可能依靠实时测量调整来保证装配精度,需要分析预测钻铆误差。可基于基尔霍夫薄板理论建立制孔力和误差之间的关系，将铆接过程视作力平衡状态下的受迫变形，提出误差分析方法。在变形预测的基础上，可以采取铆接顺序优化规划方法、铆接区域间路径优化规划方法进行预补偿。

机器人自动制孔系统加工精度会受到众多因素影响，各因素间可能会存在一定关联。因此，从便于分析的角度出发，难以将所有因素均纳入离线编程与仿真工作中，只能兼顾影响因素的复杂性和计算的可行性，判别并考虑各种工况下的主要影响因素，从而得到可行的离线编程与仿真结果。

4. 多功能末端执行器设计

多功能末端执行器作为机器人自动制孔系统的关键组成部分应具备重量轻、体积小、稳定性高、使用寿命长等特征。以多功能钻铆末端执行器为例，根据其主要功能可将设备分为框架模块、压紧模块、制孔模块、铆接模块、检测模块[104]。

（1）框架模块：框架模块是将各模块组装成一个整体的基础，同时也要保证末端执行器与机床或机器人主体稳定连接以及安装在上面的各模块在工作时不会发生干涉。其承载了各模块的重量及工作载荷，在设计结构时要保证足够的强度、良好的开敞性以及紧凑的整体布局。框架模块的设计方案自然也就决定了执行器的最终结构形式，常用的优化方案有重量优化与拓扑优化[105]。

（2）压紧模块：压紧模块通过对零件表面施加适当的压紧力来消除多层材料间的缝隙，保证装配质量，因此要求压紧模块具有压力感知、可调功能。压紧模块在制孔、涂胶等过程中均处于与零件紧密贴合的状态，在设计时要确保不会与其他模块作业发生干涉。最后，在压紧过程中应具备真空吸屑功能，避免切屑进入夹层缝隙对装配质量造成影响。

（3）制孔模块：制孔模块为执行器的主要功能模块，制孔质量将直接影响飞机的耐疲劳特性和飞行寿命。制孔模块应能够完成对多孔径的制孔作业，以保证制孔设备的通用性。针对多种材料夹层进行钻孔时应具备进给速度、刀具转速可调功能，确保获得较高孔表面质量。制孔过程中飞机蒙皮薄易变形、制孔设备运动时存在间隙误差、制孔过程中蒙皮受力非线性变化等原因使锪窝深度成为制孔的难点之一。

（4）铆接模块：铆接模块作为自动钻铆末端执行器的主要功能执行模块，需要保证将铆钉插入待铆接孔，施加适当的铆接力完成铆接作业，在铆接完成后铆接模块回到初始位置。

（5）检测模块：检测模块应具备基准检测、钻孔深度检测、孔法向检测等功能。保证制孔定位精度与孔径精度均能满足飞机装配需求。压力脚上的位置检测传感器可精确测量出压紧力造成的工件变形量。通过在线实时反馈对主轴进给进行微调，实现系统闭环控制。

针对不同工作环境进行末端执行器设计时可采用绘制各模块目标树与功能分析法相结合分析各模块次级功能之间的关系，以便于后续为各模块进行元件选型[106]。

1.3　装配现场机器人制孔系统的优势

1.3.1　装配现场的现状

飞机装配是飞机制造的关键环节，飞机装配是将飞机零部件按图纸技术要求等进行组合、连接的过程。飞机整体结构复杂、尺寸大、空间紧凑，零件材料种类多、数量多、形状复杂、尺寸大小不一、刚度小、易变形，导致飞机装配工作量占飞机制造总劳动量的50%~60%，一般的机械制造只占20%左右。飞机装配一般采用"部装—总装"的生产模式。首先将飞机数以万计的零件实现部件组装，根据飞机结构可将部件分为机身、机翼、垂直尾翼、水平尾翼、襟翼、副翼、升降舵、发动机舱、舱门、口盖等[107]；然后对部件进一步组装，完成飞机的装配作业。

航空产品制造不同于一般的机械设备，飞机外形要符合严格的空气动力学外观要求，机体由铝合金、钛合金、碳纤维复合材料、玻璃纤维材料等多种类型的材料组合而成，且外形尺寸大、内部空间狭小、开敞性差。飞机研制不断向大型化、高可靠性、长寿命、隐身和轻量化、快速研制的方向发展，复合材料使用占比的增加，对飞机的装配技术也提出了更高的要求。Sarh的研究说明了飞机装配成本、产量、装配自动化水平、装配效率、装配质量、装配系统投资诸因素之间的关系[108]。只考虑装配成本，单架生产或少量生产应采用人工装配方法。提高自动化装配水平能降低大批量生产装配成本。现代飞机装配要综合考虑装配质量、装配成本和装配效率，不断提高装配自动化技术水平是现代飞机装配的必然趋势。

航空制造业装配技术已经历了从手工装配、半机械/半自动化装配、机械/自动化装配到柔性装配的发展历程。如今，飞机装配已向数字化、柔性化、自动化和集成化方向发展[102]，飞机柔性装配技术是一种能适应快速研制和生产及低成本制造要求、设备和工装模块化可重组的先进装配技术。其中，自动制孔系统可以实现高效、高质量、低成本的自动柔性制孔，并满足飞机对装配疲劳寿命、密封、防腐越来越高的要求[109]。自动制孔系统可以减少装配时间、缩短交付周期，显著提高加工质量，适应飞机频繁的升级换代，是一种高柔性、低成本的自动化装备，能够完成对飞机部件的钻铆加工而无须移动工件，相比传统的自动钻铆加工方式在加工精度和效率上都有所提高[110]。

1.3.2 装配现场制孔存在的问题

传统的飞机装配模式是采用专用工装将飞机固定在车间内，类似于"搭积木"一样将飞机各部位零部件进行拼接、组装。所有工作人员和零部件要围绕着机身进行作业，灵活性差、自动化程度低、生产周期长。用于固定飞机及其零部件的工装也由于专机专用的特性导致其结构复杂且通用性差，浪费了大量的财力、物力及场地空间。工装制造精度要比产品精度高 2 倍，周期约占新机研制周期的 2/3，一架飞机有 50000～60000 项工装，制造工时相当于试制 1 架飞机的 6 倍，费用占新机研制费的 25%左右，并且管理复杂[107,111]。

传统手工制孔采用风钻作为制孔工具，存在孔定位精度低、孔一致性差、工序复杂、工作效率低的问题。为提高精度需借助于专门的工装和夹具，成本高，且在手工铆接时容易产生孔径超差、铆钉孔错位、埋头窝过深、镦头偏斜及夹层有间隙等缺陷。

飞机的装配过程工作量大、质量要求高、操作者间协作性差、技术难度高、管理困难。装配质量难以满足新型飞机对高性能的要求，因此，提高飞机装配和安装的技术水平对缩短产品的制造周期、提高产品的质量有非常重要的作用，在飞机研制和生产过程中具有重大的意义。

1.3.3 机器人自动制孔系统的优势

如今国外航空制造技术强国已广泛将自动制孔系统应用到航空产品的生产中，航空产品的制造均在非结构化的工作环境中，狭窄的操作空间以及大量不确定因素使机器人自动制孔系统的作用尤为突出。一方面，为机器人自动制孔系统提供了丰富的工艺数据，能够实现自主作业；另一方面，机器人自动制孔系统以传感器数据作为反馈信息，在作业过程中实现闭环控制，提升作业质量。

机器人专家王天然院士曾说过"现在的造船、造飞机企业的零部件都是高精度生产系统加工出来的，但是在装配的时候，相当多的情况下需要人亲力亲为"，充分指明机器人自动制孔系统在飞机制造中装配过程的重要地位及未来的发展方向。一方面传统装配模式已无法满足以大飞机、高性能军机和大运载火箭为代表的新一代航空航天产品尺寸大、开敞性差、载荷重，结构复杂、材料特殊，精度高，性能和可靠性高的要求；另一方面航空制造业的多品种、小批量的生产特点又刚好符合机器人自动制孔系统通用性强的特点。

机器人自动制孔系统的主要特点如下。

（1）加工精度高：通过离线编程及仿真、在线误差补偿等技术手段，提高了制孔定位精度。

（2）工作效率高：机器人的路径规划及碰撞检测可有效缩短生产准备时间，自动化制孔效率可以达到人工的 6～10 倍。

（3）应用范围广、适应性强：自动制孔系统可用于飞机机身、机翼、壁板、长桁等多种类型、多种材料零部件的制孔作业。

（4）提高装配质量：机器人自动制孔系统能够保证孔垂直度、孔径等参数的要求，消除孔制造缺陷引发的应力集中等问题，提高飞机抗疲劳性；具有孔径检测功能，保证孔径一致性。

（5）保障人员健康、安全：复合材料钻孔时切削为粉尘状，污染环境，危害人体健康；长期烦琐、重复性作业会使操作者患上职业性疾病。

（6）节约成本：机器人自动制孔系统有效降低了劳动力参与数量和工装数量，提高了车间利用率，缩短了产品生产周期。

目前已研发出多种机器人制孔系统：工业机器人自动制孔系统适用于工作范围较小的部件装配；爬行机器人自动制孔系统适用于工作量较小、柔性要求高、飞机大范围表面制孔（特别是机身环铆）且表面有工装等易干涉的场合；柔性导轨机器人自动制孔系统适用于工作效率要求高、飞机表面开敞性较好、批量较高的情况。

■ 参考文献

[1] 张莹婷. 《中国制造2025》解读之：制造强国"三步走战略"[J]. 工业炉，2021，43（1）：23.

[2] Posada J, Toro C, Barandiaran I, et al. Visual computing as a key enabling technology for Industrie 4.0 and Industrial Internet[J]. IEEE Computer Graphics and Applications, 2015, 35(2):26-40.

[3] 中共工业和信息化部党组. 工信部党组《求是》杂志撰文：坚定不移建设制造强国和网络强国[J]. 机械工业标准化与质量，2021（1）：9-13.

[4] 田威，焦嘉琛，李波，等. 航空航天制造机器人高精度作业装备与技术综述[J]. 南京航空航天大学学报，2020，52（3）：341-352.

[5] 周济. 智能制造——"中国制造2025"的主攻方向[J]. 中国机械工程，2015，26（17）：2273-2284.

[6] 孔凡国，俞雯潇. 智能制造发展现状及趋势[J]. 机械工程师，2020（4）：4-7.

[7] 殷俊. 智能工业机器人在航空制造业的应用[J]. 制造业自动化，2016，38（10）：105-107.

[8] Xi F F, Yu L, Tu X W. Framework on robotic percussive riveting for aircraft assembly automation[J]. Advances in Manufacturing, 2013, 1(2): 112-122.

[9] 王国磊，吴丹，陈恳. 航空制造机器人现状与发展趋势[J]. 航空制造技术，2015（10）：26-30.

[10] 姚艳彬，邹方，刘华东. 飞机智能装配技术[J]. 航空制造技术，2014（Z2）：57-59.

[11] 喻龙，章易镰，王宇晗，等. 飞机自动钻铆技术研究现状及其关键技术[J]. 航空制造技术，2017（9）：16-25.

[12] 王良，郭春英. 飞机装配制孔技术发展浅析[J]. 航空制造技术，2017（Z2）：88-92，102.

[13] 刘坤祥，高延峰，杨兴. 手工钻孔过程中手部抖动对CFRP钻孔质量的影响研究[J]. 机械工程与自动化，2020（2）：10-12.

[14] 罗海勇, 郑伟, 涂卿. 碳纤维复合材料手工制孔刀具和工具的选择方案[J]. 航空制造技术, 2013（20）: 67-69.

[15] 梁青霄. 自动进给钻在飞机装配中的应用[J]. 西飞科技, 2004（2）: 9-10.

[16] 袁培江, 余蕾斌, 公茂震, 等. 一种可换装的精益自动进给钻: CN102699377A[P]. 2012-10-03.

[17] 单以才. 航空叠层构件材料螺旋铣孔工艺基础研究[D]. 南京: 南京航空航天大学, 2014.

[18] 王红嵩. 难加工材料的螺旋铣孔技术研究[D]. 大连: 大连理工大学, 2012.

[19] Iyer R, Koshy P, Ng E. Helical milling: an enabling technology for hard machining precision holes in AISI D2 tool steel[J]. International Journal of Machine Tools and Manufacture, 2006, 47(2):205-210.

[20] Pereira R, Brando L C, Paiva A, et al. A review of helical milling process[J]. International Journal of Machine Tools and Manufacture, 2017, 120:27-48.

[21] Eric W. Development and deployment of orbital drilling at Boeing[J]. SAE Transactions, 2006, 115:958-962.

[22] K'nevez J Y, Cahuc O, Jallageas J, et al. New vibration system for advanced drilling composite-metallic stacks[J]. SAE International Journal of Materials and Manufacturing, 2013, 7(1):23-32.

[23] Eguti C, Trabasso L G. Design of a robotic orbital driller for assembling aircraft structures[J]. Mechatronics, 2014, 24(5):533-545.

[24] 林琳, 夏雨丰. 民用飞机装配自动制孔设备探讨[J]. 航空制造技术, 2011（22）: 86-89, 115.

[25] Whinnem E, Lipczynski G, Eriksson I. Development of orbital drilling for the Boeing 787[J]. SAE International Journal of Aerospace, 2008, 1(1):811-816.

[26] Yagishita H, Osawa J. Highly accurate hole making technology of Ti6Al4V by orbital drilling: effect of oil mist[J]. Procedia Manufacturing, 2016, 5:195-204.

[27] 杨国林, 董志刚, 康仁科, 等. 螺旋铣孔技术研究进展[J]. 航空学报, 2020, 41（7）: 18-32.

[28] 李连龙. 基于螺旋铣专用机床的 CFRP/铝合金叠层制孔研究[D]. 杭州: 浙江大学, 2019.

[29] 钱大鹏. 铝合金、钛合金的机器人制孔关键工艺分析[D]. 杭州: 浙江大学, 2013.

[30] 郑璐晗, 杜兆才, 姚艳彬. 机器人制孔系统与制孔工艺参数优化方法研究[J]. 装备制造技术, 2020（2）: 6-15, 20.

[31] 陈修强, 田卫军, 薛红前. 飞机数字化装配自动钻铆技术及其发展[J]. 航空制造技术, 2016（5）: 52-56.

[32] 毕运波, 李永超, 顾金伟, 等. 机器人自动化制孔系统[J]. 浙江大学学报（工学版）, 2014, 48（8）: 1427-1433.

[33] Jayaweera N, Webb P. Adaptive robotic assembly of compliant aero-structure components[J]. Robotics and Computer Integrated Manufacturing, 2006, 23(2):180-194.

[34] Ple P, Gabory J F, Charles P. Force controlled robotic system for drilling and riveting one way assembly[J]. SAE International Journal of Aerospace, 2011, 4(2):785-788.

[35] 楼阿莉. 国内外自动钻铆技术的发展现状及应用[J]. 航空制造技术, 2005（6）: 50-52.

[36] Barton E, Hasley D, Jackson J. G12 automatic fastening launch vehicle[C]. Aerospace Manufacturing and Automated Fastening Conference and Exhibition, 2014.

[37] Mangus W, Mckeown S. G2000 nine axis flexibility to fasten 180 degree fuselage assemblies[J]. SAE Aerospace Automated Fastening Conference and Exposition, 1996, 302: 38-44.

[38] Rummell T. The evolution of all electric fastening systems: G86 to Multi-Flex[J]. SAE Transactions, 2000, 109:755-758.

[39] Frank M J. New wing[J]. Aviation Week and Space Technology, 2007, 166(10): 53-54.

[40] Arntson P R, Karge M A. Low-voltage electromagnetic riveter: US5813110 A[P]. 1998-09-29.

[41] Zieve P, Smith A. Wing assembly system for British Aerospace Airbus for the A320[C]. Aerofast Conference and Exposition, 1998.

[42] Holden R, Haworth P, Kendrick I, et al. Automated riveting cell for A320 wing panels with improved throughput and reliability (SA2)[C]. Aerospace Technology Conference and Exposition, 2007.

[43] Truess J A, Assadi M D, Hartmann J L, et al. Flexible high speed riveting machine[J]. SAE Transactions, 2003, 112:362-371.

[44] Zieve P, Rudberg T, Vogeli P, et al. A two tower riveting machine with a true Z axis[C]. Aerospace Manufacturing and Automated Fastening Conference and Exhibition, 2004.

[45] Hiratsuka N, Osawa T, Assadi M, et al. One Piece Barrel Fastening[C]. Aerospace Technology Conference and Exposition, 2007.

[46] Assadi M D, Boad C L, Osawa T. True offset fastening[C]. Aerospace Manufacturing and Automated Fastening Conference and Exhibition, 2006.

[47] Stansbury E C, Burton B, Reese A, et al. E7000 high-speed CNC fuselage riveting cell[J]. SAE International Journal of Materials and Manufacturing, 2013, 7(1):37-44.

[48] 陈文亮，姜丽萍，王珉，等. 大型客机铝锂合金壁板自动钻铆技术[J]. 航空制造技术，2015（4）：47-50.

[49] 赵辉. 基于 UMAC 的自动钻铆机控制系统研究与开发[D]. 南京：南京航空航天大学，2014.

[50] 陈允全. 自动钻铆机托架变形分析及处理方法研究[D]. 西安：西北工业大学，2007.

[51] DeVlieg R, Sitton K, Feikert E, et al. ONCE (one-sided cell end effector) robotic drilling system[C]. Automated Fastening Conference and Exhibition, 2002.

[52] DeVlieg R. Robotic trailing edge flap drilling system[C]. Aerospace Technology Conference and Exposition, 2009.

[53] Adams G. Next generation mobile robotic drilling and fastening systems[C]. Aerospace Manufacturing and Automated Fastening Conference and Exhibition, 2014.

[54] Gray T, Orf D, Adams G, et al. Mobile automated robotic drilling, inspection, and fastening[C]. AeroTech Congress and Exhibition, 2013.

[55] 邓锋. 采用标准关节机器人系统对飞机货舱门结构的自动钻铆[J]. 航空制造技术, 2010 (19): 32-35.

[56] Hansen J M, Manouchehri D, Appleberry W T, et al. Robotic end-effector with active system compliance and micro-positioning capability: US5420489 A[P]. 1995-05-30.

[57] Christian M, Christian S H, Philip K, et al. Real time pose control of an industrial robotic system for machining of large scale components in aerospace industry using laser tracker system[J]. SAE International Journal of Aerospace, 2017, 10(2):100-108.

[58] 康仁科, 杨国林, 董志刚, 等. 飞机装配中的先进制孔技术与装备[J]. 航空制造技术, 2016 (10): 16-24.

[59] 杜宝瑞, 冯子明, 姚艳彬, 等. 用于飞机部件自动制孔的机器人制孔系统[J]. 航空制造技术, 2010 (2): 47-50.

[60] 姚艳彬, 毕树生, 员俊峰, 等. 飞机部件机器人自动制孔控制系统设计与分析[J]. 中国机械工程, 2010, 21 (17): 2021-2024.

[61] 曲巍崴, 董辉跃, 柯映林. 机器人辅助飞机装配制孔中位姿精度补偿技术[J]. 航空学报, 2011, 32 (10): 1951-1960.

[62] 薛汉杰, 张敬佩. 蒙皮类部件钻孔法向的测量和调整[J]. 航空制造技术, 2010 (23): 60-62, 66.

[63] 杜兆才, 姚艳彬, 王健. 机器人钻铆系统研究现状及发展趋势[J]. 航空制造技术, 2015 (4): 26-31.

[64] 李菡. 基于双机器人协同的自动钻铆终端器及其自动供钉装置的设计与研究[D]. 杭州: 浙江大学, 2010.

[65] Thompson P, Hartmann J, Feikert E, et al. Flex Track for use in production[J]. SAE Transactions, 2005, 114: 1039-1045.

[66] 战强, 陈祥臻. 机器人钻铆系统研究与应用现状[J]. 航空制造技术, 2018, 61 (4): 24-30.

[67] Boyl-David T M, Outous R W. Interlocking precision flexible rail system: EP1918068[P]. 2010-02-17.

[68] Malcomb J R. 5-Axis flex track drilling systems on complex contours: solutions for position control[C]. AeroTech Congress and Exhibition, 2013.

[69] Russell D. High-accuracy robotic drilling/milling of 737 inboard flaps[J]. International Journal of Aerospace, 2011, 4(2):1373-1379.

[70] 何凤涛, 陈爱民, 张德远, 等. 柔性导轨制孔机器人及变刚度技术研究现状[J]. 科学技术与工程, 2020, 20 (35): 14359-14365.

[71] 林美安, 陈文亮, 王珉, 等. 柔性轨道自动化制孔系统的仿真研究[J]. 机械制造, 2010, 48 (4): 14-17.

[72] 韩锋. 面向飞机装配的轻型自主爬行钻铆系统[D]. 南京: 南京航空航天大学, 2015.

[73] 侯志霞, 刘建东, 薛贵军, 等. 柔性导轨自动制孔设备控制技术[J]. 航空制造技术, 2009 (24): 58-60, 64.

[74] 陈彪，刘华东，卜泳，等. 柔性导轨自动制孔设备制孔试验研究[J]. 航空制造技术，2011（22）：78-80.

[75] 孟璇，邢玉生，王春. 基于 PMAC 的并行双 CPU 开放式数控系统的研究与开发[J]. 组合机床与自动化加工技术，2000（10）：30-32，39.

[76] 李军，张德远，李哲，等. 飞机紧固孔非接触式数字化测量技术研究[J]. 制造业自动化，2018，40（8）：100-103.

[77] 张阿龙. 大型飞机机身环形对接区高效精确制孔技术[D]. 杭州：浙江大学，2016.

[78] 曲巍崴，方垒，柯映林，等. 环形轨道制孔系统定位方法分析[J]. 航空学报，2014，35（8）：2319-2330.

[79] 方垒. 环形轨道制孔系统动、静态特性的有限元分析[D]. 杭州：浙江大学，2014.

[80] 江一行. 环形轨自动化制孔系统开发及其定位精度分析[D]. 杭州：浙江大学，2014.

[81] 甘露，姚艳彬，魏超. 爬行机器人制孔系统在飞机装配中的应用研究[J]. 航空制造技术，2013（20）：80-82，86.

[82] 黄大兴，王珉，陈文亮，等. 飞机装配自主移动式自动制孔系统机构设计[J]. 南京航空航天大学学报，2012，44（S1）：23-26.

[83] 王珉，陈文亮，张得礼，等. 飞机轻型自动化制孔系统及关键技术[J]. 航空制造技术，2012（19）：40-43.

[84] 王巍，王诚鑫，周天一. 自动钻铆技术在机身壁板上的应用[J]. 航空制造技术，2018，61（22）：43-48.

[85] 赵丹. 卧式双机联合自动钻铆系统空间定位精度保障技术研究[D]. 杭州：浙江大学，2018.

[86] 沈建新，田威. 基于工业机器人的飞机柔性装配技术[J]. 南京航空航天大学学报，2014，46（2）：181-189.

[87] Cen L J, Melkote S N, Castle J, et al. A wireless force-sensing and model-based approach for enhancement of machining accuracy in robotic milling[J]. IEEE/ASME Transactions on Mechatronics, 2016, 21(5):2227-2235.

[88] Zaeh M F, Roesch O. Improvement of the machining accuracy of milling robots[J]. Production Engineering, 2014, 8(6):737-744.

[89] Klimchik A, Chablat D, Pashkevich A. Static stability of manipulator configuration: influence of the external loading[J]. European Journal of Mechanics-A/Solids, 2015, 51:193-203.

[90] 陈世钟，刘延遂，吴品弘，等. 基于刚度性能的机器人臂长优化[J]. 机械与电子，2015（6）：67-72.

[91] Zargarbashi S, Khan W, Angeles J. Posture optimization in robot-assisted machining operations[J]. Mechanism and Machine Theory, 2012, 51: 74-86.

[92] 邓锋. 采用标准关节机器人系统对飞机货舱门结构的自动钻铆[J]. 航空制造技术，2010（19）：32-35.

[93] Jiao A Y, Zhang G F, Liu B H, et al. Study on improving hole quality of 7075 aluminum alloy based on magnetic abrasive finishing[J]. Advances in Mechanical Engineering, 2020, 12(6): 1-14.

[94] 周炜, 廖文和, 田威, 等. 面向飞机自动化装配的机器人空间网格精度补偿方法研究[J]. 中国机械工程, 2012, 23（19）: 2306-2311.

[95] Strobl K H, Hirzinger G. Optimal hand-eye calibration[C]. IEEE/RSJ International Conference on Intelligent Robots and Systems, 2007.

[96] Daniilidis K. Hand-eye calibration using dual quaternions[J]. The International Journal of Robotics Research, 1999, 18(3):286-298.

[97] 孙立宁, 许辉, 王振华, 等. 工业机器人智能化应用关键共性技术综述[J]. 振动、测试与诊断, 2021, 41（2）: 211-219, 406.

[98] 蒋君侠, 张启祥, 朱伟东. 飞机壁板自动钻铆机气动送钉技术[J]. 航空学报, 2018, 39（1）: 304-313.

[99] 孟凡生, 赵刚. 传统制造向智能制造发展影响因素研究[J]. 科技进步与对策, 2018, 35（1）: 66-72.

[100] Malcomb J R. Laser profilometry for non-contact automated countersink diameter measurement[J]. SAE International Journal of Aerospace, 2014, 7(2):263-268.

[101] Zou C, Liu J H. An off-line programming system for flexible drilling of aircraft wing structures[J]. Assembly Automation, 2011, 31(2):161-168.

[102] 王珉, 陈文亮, 郝鹏飞, 等. 飞机数字化自动钻铆系统及其关键技术[J]. 航空制造技术, 2013（Z1）: 80-83.

[103] 殷俊清, 王仲奇, 康永刚, 等. 仿真技术在飞机自动钻铆中的应用[J]. 航空制造技术, 2009（24）: 84-87.

[104] 金洁, 田威, 李波. 一种自动钻铆末端执行器的设计[J]. 中国机械工程, 2020, 31（13）: 1555-1561.

[105] Furtado L, Villani E, Trabaso L G, et al. DTW: a design method for designing robot end-effectors[J]. Journal of the Brazilian Society of Mechanical Sciences and Engineering, 2014, 36(4):871-885.

[106] Hazelrigg G A. A review of: "Engineering Design Methods: Strategies for Product Design" Nigel Cross John Wiley, 2000, ISBN 0-471-87250-4[J]. IIE Transactions, 2002, 34(1):91-93.

[107] 邹方, 薛汉杰, 周万勇, 等. 飞机数字化柔性装配关键技术及其发展[J]. 航空制造技术, 2006（9）: 30-35.

[108] Sarh B. Assembly techniques for space vehicles[C]. Automated Fastening Conference and Exposition, 2000.

[109] 郭恩明. 国外飞机柔性装配技术[J]. 航空制造技术, 2005（9）: 28-32.

[110] 张杨, 高明辉, 周万勇, 等. 自动钻铆系统中工业机器人协同控制技术研究[J]. 航空制造技术, 2013（20）: 87-90, 94.

[111] 郭志敏, 蒋君侠, 柯映林. 一种精密三坐标 POGO 柱设计与精度研究[J]. 浙江大学学报（工学版）, 2009, 43（9）: 1649-1654.

第 2 章

制孔末端执行器研制

孔的加工质量与效率对后续连接的强度和飞行器的装配质量与效率有着极其重要的影响。近年来随着工业自动化技术的迅速发展，航空航天制造技术强国已经广泛使用多功能末端执行器，但其研制成本很高，而且相关核心技术仍处于封锁状态。近年来，国内大连理工大学、北京航空航天大学、浙江大学、西北工业大学及南京航空航天大学等各大高校针对不同加工对象开发了多种钻、铆末端执行器。但由于国内在自动制孔技术方面的研究起步较晚[1]，开发的末端执行器在体积重量、使用寿命、稳定性等方面与国外仍有一定差距[2]。本章将结合自动化生产线应用需求，针对某空间紧凑型装配部件制孔需求和较小作业空间的难加工材料精密制孔需求，对钻孔末端执行器和铣孔末端执行器进行研制。

■ 2.1   钻孔末端执行器研制

根据航空企业的技术需求，为实现某空间紧凑型装配部件的自动制孔，拟开发专用钻孔末端执行器，并可用于组建自动制孔系统。该装配部件含有多个装配单元，制孔材料包括铝合金叠层材料和铝合金/CFRP 叠层材料，制孔类型包括通孔和沉头孔，孔径范围为 2.6～6.1mm，每型号部件孔径不低于六个规格，总数约 1400 个。

2.1.1   技术要求

根据装配部件的装配顺序、工艺规范和技术标注，汇总开发制孔末端执行器的相关技术要求如下。

（1）制孔末端执行器重量不高于 150kg。

（2）制孔精度 H7～H9（H7 中 H 表示孔的公差，7 表示其公差是 IT7 级，H8、H9 含义参考此处），表面粗糙度 $Ra \leqslant 6.3\mu m$。

（3）孔的位置精度：±0.5mm。

（4）托板螺母孔位置精度：±0.05mm。

（5）法向偏差不大于 0.5°。

（6）制孔深度≤6mm 时，制孔效率不低于 6～8 个/min。

（7）可以实现锪窝和扩孔，ϕ2.6mm 孔锪窝深度误差±0.05mm。

（8）可自动夹持和释放刀柄，与机器人和刀库配合实现自动换刀。

为了保证制孔末端执行器具有一定的通用性，在设计时考虑了与工业机器人和数控设备的安装连接等结构问题。

2.1.2　结构设计

钻孔末端执行器一般由机械系统和控制系统两部分组成。参考现有钻孔末端执行器结构类型，综合考虑装配部件制孔位置和作业空间限制等因素，初步规划机械系统结构方案如图 2.1 所示，包括寻法单元、钻孔单元、吸屑单元、视觉检测单元、压脚单元和进给单元共六部分[3]。

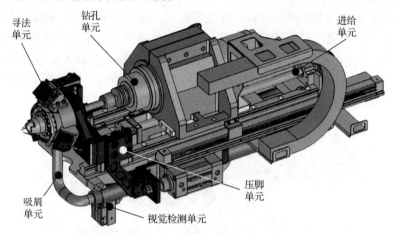

寻法单元　钻孔单元　进给单元　吸屑单元　视觉检测单元　压脚单元

图 2.1　钻孔末端执行器机械系统结构方案

1. 钻孔单元选型

钻孔设备的核心部件即为钻孔单元，该部分主要由伺服主轴、刀柄、主轴支座和刀具组成。装配部件铝合金材料的制孔孔径范围为 2.6～6.1mm，铝合金的最大厚度为 9mm，要求孔表面粗糙度不大于 6.3μm 且制孔精度可达等级为 H7。末端执行器若要实现该制孔条件，对主轴进行合理选型尤为重要。取钻削 ϕ2.6mm 铆钉孔和 ϕ6.1mm 孔作为研究目标，初选 SANDVIK 公司的铝合金钻孔刀具，查阅文献[4]分别获得相关工艺参数参考值，并将加工参数代入 SANDVIK 公司的切削参数软件，推算钻 ϕ6.1mm 孔时主轴的动力参数和钻 ϕ2.6mm 孔时的转速参数，具体如图 2.2 所示。

Cutting data recommendation

Net power (Pc):	1.3	kW
Feed force (Ff):	465	N
Torque (Mc):	1.5	Nm

φ6.1mm孔

vcMin - vcMax	Cutting speed (vc):		Spindle speed (n):	
120 - 230	162	m/min	17189	rpm
fnMin - fnMax	Feed (fn):		Feed (vf):	
0.15 - 0.35	0.25	mm/r	4297	mm/min

φ2.6mm孔

图 2.2　钻孔参数

根据上述钻孔参数中切削功率 1.3kW 和主轴转速 17189r/min 的要求，选择了 HSD 330L 高速伺服电主轴，该主轴可以长期稳定在 12000～18000r/min 的转速，且可输出 4.7～5.5kW 的稳定功率。此处后备功率较大，主要考虑为末端执行器留有充裕的加工能力扩展空间，可以应对制孔时刀具本体技术参数差异、切削液等加工条件差异、较大孔径和材料多样性等影响，保证制孔质量。HSD 330L 电主轴具有 7∶24 的锥度，无须径向定位，可满足本系统制孔规格变化时自动换刀的要求。同时本主轴有重量轻和体积小巧的优势，可以满足机器人有效载荷的要求，从而提高制孔时机器人的响应能力。HSD 330L 电主轴的转速与功率的对应关系如图 2.3 所示。

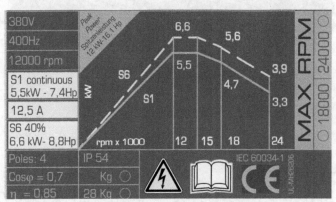

图 2.3　HSD 330L 电主轴性能参数

刀柄选用时考虑到满足自动换刀功能，故选择可与 HSD 330L 电主轴连接的 ISO30 刀柄，ISO30 刀柄具有 7∶24 锥度并可实现主轴自动拉钉动作。

主轴和刀柄完成初步选型后进行制孔精度校核。制孔精度等级为 H9，即 $\phi 2.6$mm 孔的公差范围为 $\phi 2.6_{0}^{0.025}$ mm。参照 SANDVIK 公司的刀具参数可知钻头精度为 0.01mm，而 HSD 330L 电主轴精度为 0.002mm，即最大公差为 0.012mm，小于 0.025mm 的公差带要求，且可以满足 $\phi 6.1$mm 孔精度 H7 的公差范围 $\phi 6.1_{0}^{0.015}$ mm。以上部件从加工动力参数到精度参数均满足要求。钻孔单元实物装配后如图 2.4 所示。

图 2.4　钻孔单元

2. 压脚单元设计

为了实现对工件的自动压紧,抑制制孔时工件和钻孔末端执行器的振动和相对运动,钻孔末端执行器需要设计压脚单元。压脚单元主要由驱动气缸、过渡连接件、支撑座、压脚、导轨和滑块等组成。驱动气缸通过过渡连接件推动支撑座和压脚在导轨上向前移动,制孔过程中压脚始终紧贴工件表面,以减少加工时工件发生的变形,同时抑制振动[5]。压脚通过螺栓紧固在支撑座上,易于更换,且压脚的规格有很多种,可以满足不同制孔直径的需要。压脚单元的设计和的实物装配如图 2.5 所示。

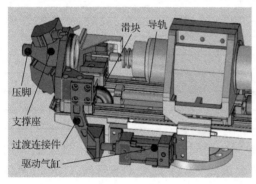

（a）设计图　　　　　　　　　　　　　　（b）实物图

图 2.5　压脚单元

为了实现上述功能,压脚单元设计有一个压力平衡的气路,在气缸的推出端配有精密减压阀实现。本章选用 SMC 公司的 IR2020 精密减压阀。通过调节精密减压阀的气压可以改变压脚压力,满足不同制孔条件下对压紧力的不同需求,气路原理图如图 2.6 所示。

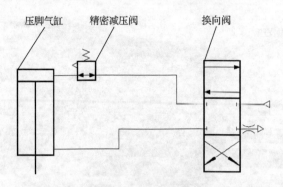

压脚气缸   精密减压阀   换向阀

图 2.6   气路原理图

IR2020 可以精确控制压力在 0.01～0.8MPa 内。为了避免压紧力过大，使工件产生较大变形，对压脚的移动量进行了检测。通过理论计算得到压脚的理论伸出距离，当压脚伸出量超出这个值时，说明压紧力已经引起了工件的较大变形，制孔系统将停止工作，并发出警报。考虑到末端执行器不同的制孔姿态，压脚单元的压紧力极限设计成可以抵消制孔末端执行器的整体重力，即要求所选气缸的理论输出力不低于 980N，参照 SMC 气缸手册，最终选型为 CP95SDL50-30 气缸。该气缸缸径 50mm，行程 30mm，其理论输出力如表 2.1 所示，工作气压在 0.5MPa 以上时理论输出力均高于 980N。

表 2.1   CP95SDL50 气缸理论输出力

工作气压/MPa	理论输出力/N
0.2	393
0.3	589
0.4	785
0.5	982
0.6	1178
0.7	1374

为了简化结构，压脚单元与进给单元使用同一导轨，导轨初选 THK 公司的 HSR30 导轨，现对其进行校核，导轨寿命按照 7 年单班次（8h/班次）校核，具体过程如下：

$$L = \frac{2 \times n \times s \times L_h \times 60}{10^3} \tag{2.1}$$

式中，L 为额定寿命，km；L_h 为寿命时间，$L_h = 15000\text{h}$；s 为移动件行程长度，$s=0.03\text{m}$；n 为移动件每分钟往复次数，$n=20$。代入数值后有

$$L = \frac{2 \times 20 \times 0.03 \times 60 \times 15000}{10^3} = 1080(\text{km}) \tag{2.2}$$

根据动载荷和距离寿命的关系式计算动载荷，滚动体为钢球时，有

$$L = \left(\frac{f_H f_T f_C f_R}{f_W} \times \frac{C}{F} \right)^3 \times 50 \qquad (2.3)$$

式中，C 为动载荷，kN；F 为计算载荷，kN；f_H 为硬度系数，$f_H = 1$；f_T 为温度系数，工作温度 ≤100℃时，$f_T = 1.00$；f_C 为接触系数，由于每根导轨上的滑块数为 2，所以 $f_C = 0.81$；f_W 为载荷系数，$f_W = 1.3$；f_R 为精度系数，$f_R = 0.9$。则有

$$L = \left(\frac{1 \times 1 \times 0.81 \times 0.9}{1.3} \times \frac{C}{0.98} \right)^3 \times 50 \qquad (2.4)$$

计算得 $C = 4.87\mathrm{kN}$，由 THK 产品手册可知，HSR30 导轨基本额定动载荷 $C_a = 28\mathrm{kN}$，$C_a > C$ 满足要求且安全系数足够，最终选择了 HSR30R1ZZ 导轨和 SHS30C 滑块。

3. 吸屑单元设计

如图 2.7 所示，吸屑单元是为了及时消除钻屑而设计的，它使钻屑可以及时被吸入真空管道，避免切屑散落，影响制孔质量或构成环境污染。

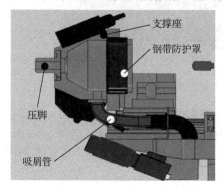

（a）设计图　　　　　　　　　　　　　　　（b）实物图

图 2.7　吸屑单元

由压脚、支撑座和钢带防护罩形成的封闭腔及真空管路和外置吸屑设备组成。其中压脚上留有进气口，而钢带防护罩由钢带卷制，由专门的气缸驱动伸缩，保证在吸屑单元与压脚单元一并伸出或缩回时，钻屑空间始终封闭。外置吸屑设备型号为 ICS-100SW。

4. 进给单元设计

为实现制孔时的轴向进给功能而设计本单元。进给单元结构组成如图 2.8 所示，主要包括导轨滑块机构、伺服电机、同步带传动机构、丝杠传动机构等组件。导轨滑块机构主要包括导轨和滑块两部分，具有工作精度高、驱动功率低、结构简单等特点。直线导轨可实现运动平稳，减少冲击和振动，不易产生爬行现象，

有益于提高数控系数的响应速度和灵敏度，并且只需较小的动力，便能使机台运动。伺服电机可以将电压信号转化为转矩和转速以驱动控制对象，速度可调且位置精度高[5]，具有起动转矩大、运行范围较广、无自转现象等三个显著特点[6]。同步带传动机构主要由主动带轮、从动带轮和同步带等组成，可以满足恒定的传动比，结构紧凑、便于维护且传动效率较高；丝杠传动机构主要由丝杠、丝杠螺母、BF 轴承座和 BK 轴承座等组成，具有传动效率高、定位精度和重复定位精度高、使用寿命长、传动的可逆性等特点[7]。另外，进给单元与压脚单元共用导轨，已经进行了寿命计算，此处就不再讨论。

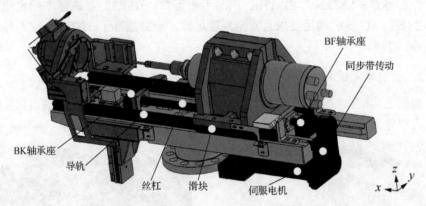

图 2.8　进给单元

进给单元的位置精度会直接影响到盲孔和锪窝深度，根据技术要求可知需要设计高精度丝杠和光栅构成闭环反馈系统，参照 THK 产品手册，初选直径 20mm、导程 4mm 的 BIF2004V 丝杠，光栅初选精度为±3μm 的雷尼绍光栅，电机初选西门子的 1FK7033 电机。根据锪窝深度±0.05mm 的精度要求，对丝杠和电机进行选型，具体步骤如下。

根据制孔深度≤6mm 时，制孔效率不低于 6~8 个/min 的技术要求，计算出单孔加工时长应少于 7.5~10s，减去单孔机器人移位时间 5s，可知单孔钻孔时长平均约 2.5s，则轴向进给速度约为 2.4mm/s，符合图 2.2 推荐的切削参数。同时考虑到自动换刀时依然使用本丝杠，所以选择 10mm/s 作为轴向进给速度，则有电机转速为

$$N = \frac{60V}{P} = 150(\text{r/min}) \tag{2.5}$$

式中，V 为进给速度；P 为丝杠导程，P=4mm。垂直制孔时机构具有最大起升力，考虑电主轴、主轴座和附件的重量 56kg，则有

$$F_{\max} = mg + F_f + ma = 585.6(\text{N}) \tag{2.6}$$

式中，m 为负载质量，m=56kg；F_f 为导向面阻力，$F_f = 20\text{N}$；a 为起升的加速度，$a = \Delta V/t = 0.1 \times 10^{-3}/0.1 = 0.1(\text{m/s}^2)$。

选取最大的静态安全系数 f_s=7，而 BIF2004V 丝杠的静额定载荷为 10.9kN，

则最大需用轴向力为

$$F_{需用} = \frac{C_{0a}}{f_s} \doteq \frac{10.9 \times 10^3}{7} = 1557(\text{N}) > F_{\max} = 585.6(\text{N}) \tag{2.7}$$

所以导轨满足使用需求。

再计算负载的转动惯量为

$$J = m\left(\frac{P}{2\pi}\right)^2 \times 10^{-6} + J_s = 9.5 \times 10^{-5}(\text{kg}/\text{m}^2) \tag{2.8}$$

式中，J_s 为丝杠的转动惯量[8]，$J_s = 1.23 \times 10^{-7} \times 586 = 7.2 \times 10^{-5}(\text{kg}/\text{m}^2)$。

角加速度为 $w' = \dfrac{2\pi N}{60t} = 157(\text{rad}/\text{s}^2)$，则加速转矩为

$$T_{加速} = J \times w' = 9.5 \times 10^{-5} \times 157 = 0.015(\text{N} \cdot \text{m}) \tag{2.9}$$

式中，N 为电机转速，$N=150\text{r/min}$；t 为加速时间，$t=0.1\text{s}$。

负载引起的摩擦转矩为

$$T_{摩擦} = \frac{F_{上升}P}{2\pi\eta} = \frac{(mg + F_f)P}{2\pi\eta} = 0.410(\text{N} \cdot \text{m}) \tag{2.10}$$

式中，F_f 为导向面阻力，$F_f = 20\text{N}$；η 为效率，取 0.9。

所以，所需最大转矩为

$$T_{\max} = T_{加速} + T_{摩擦} = 0.425(\text{N} \cdot \text{m}) \tag{2.11}$$

因电机与丝杠采用 1∶1 的皮带轮直连，所以转矩和转速相同，再对转动惯量比 i 进行校核：$i = J/J_G = 3.8$，J_G 为电机转动惯量。结果为 $i<5$[9]，符合西门子对转动惯量的要求，则选择 1FK7033 伺服电机，该电机参数如表 2.2 所示。

表 2.2　1FK7033 电机参数

型号	额定功率/kW	额定转矩/(N·m)	堵转转矩/(N·m)	转动惯量/(kg/m²)
1FK7033	0.4	1.2	1.3	0.25×10^{-4}

经计算，初选方案都符合要求，综合其他技术因素最终确认选型为：选定导程为 4mm、精度可实现 4μm 的 THK 丝杠 BIF2004V-5WW+586LC0；选定精度为 ±3μm 的雷尼绍光栅 RSLE-SS-20U-3A-0080/0530A；选定西门子的 1FK7033 电机。

5. 寻法单元设计

如图 2.9 所示，寻法单元主要使用均布在压脚支撑座的三个激光测距传感器，通过软件计算每个传感器到工件的距离，判定并寻找曲面法线位置，调整机器人姿态，使刀具轴线与制孔位处曲面法线重合，从而保证制孔质量和刀具安全。选型的基恩士 IL100 传感器线性度最大误差为 0.01mm，经计算会产生法向偏差最大为 0.04°，可以保证寻法精度不大于 0.5°。

开始制孔时，通过离线编程的方式将数模中制孔点的坐标导出给机器人，但数模和实际工件是有偏差的，机器人将识别出工件上的四个基准点的坐标系与数模的坐标系匹配并修正偏差，再按照实际工件中孔的坐标制孔，制孔时通过寻法单元检测数据来调整机器人的姿态，从而保证末端执行器的法向制孔精度。

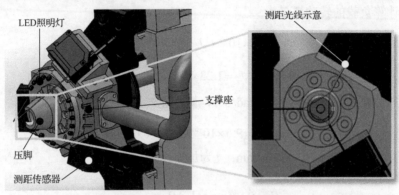

图 2.9　寻法单元

6. 视觉检测单元选型

视觉检测单元主要由 CCD 相机和相机变位用滑台气缸组成，如图 2.10 所示。CCD 相机起到寻孔定位作用，检测系数通过控制软件对 CCD 相机反馈数据进行分析，从而判定制孔位置和制孔后的外观质量以及孔径偏差。根据精度要求视野为边长 15mm 的正方形区域，选用 500 万像素的康耐视 CV-H500C 摄像头，可实现的分辨率为 $d_{\#}=15/2050×5=0.0366(\mathrm{mm})$，即可识别误差为 $d_{\#}/2=±0.0183(\mathrm{mm})$，满足制孔检测精度的需求。如图 2.11 所示，基于针孔成像模型算法，导入孔的画面后，根据相机画面的宽度、高度，相机的水平视场角，相机的位置、角度，计算和反馈孔的真实空间位置，可用于修正下一制孔位坐标值。

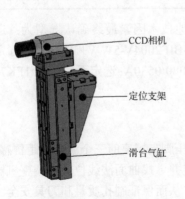

图 2.10　视觉检测单元

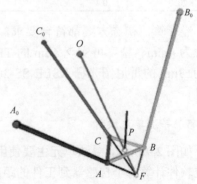

图 2.11　曲面法线修正

　　制孔末端执行器装配完成后，在工件坐标系下开展基准孔的寻孔定位实验，计算 CCD 相机对四基准点的坐标变换矩阵。机器人在压脚机构距工件平面 24.88mm 的距离上平移运动，制孔末端执行器在工件表面法向上依次完成制孔。利用 CCD 相机软件测量出孔的坐标 (x, y) 和半径像素，以及基于 MFC 编程取得的圆孔坐标值和半径像素，如图 2.12 所示。

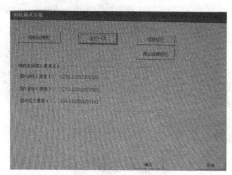

（a）相机软件检测值　　　　　　　　　（b）编程后输出值

图 2.12　孔坐标 (x, y) 及半径像素值

7. 关键部件的校核

　　为了保证制孔末端执行器关键部件的结构合理，具有足够的强度和刚度，使用有限元软件对其分别进行了仿真校核。对压脚和底座部件进行重点分析，压脚头采用 45 钢，主轴座、法兰、底座采用 Q235 钢，导轨使用 S55C 钢等，仿真时分别对各零件的材料参数进行定义。

　　钻孔末端执行器的工作姿态比较多，选择钻孔末端执行器垂直制孔状态进行仿真。进行有限元分析时首先简化模型，去除计算时不需要的倒角和圆孔。之后定义法兰盘与六轴机器人连接，即采用固定约束；压脚单元伸出压到工件上，设置反向力为 980N，即气缸最大输出力；刀头施加反向的进给力 585.6N。加载后的模型如图 2.13 所示。

　　施加完约束和载荷后进行网格划分，结果如图 2.14 所示。调整关键部件的网格大小，最小网格边长为 1.2mm，公差 0.3mm，雅可比点位 4，整体框架共计 93463 个节点，380089 个单元。仿真分析后得到应力云图和变形位移云图，如图 2.15 和图 2.16 所示。

（a）压脚和刀具载荷　　　　（b）法兰的固定约束

图 2.13　加载过程　　　　　　　　　　　　图 2.14　网格结果

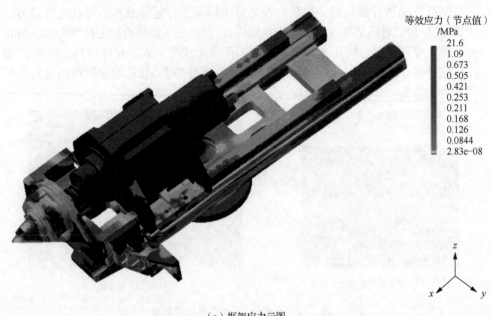

等效应力（节点值）
/MPa
21.6
1.09
0.673
0.505
0.421
0.253
0.211
0.168
0.126
0.0844
2.83e-08

（a）框架应力云图

位移/mm
0.0158
0.0142
0.0126
0.011
0.00945
0.00788
0.0063
0.00473
0.00315
0.00158
0

（b）框架变形位移云图

图2.15　制孔末端执行器的静力学分析结果

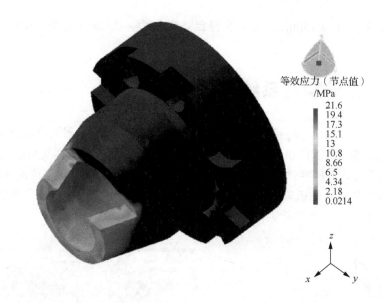

等效应力（节点值）
/MPa

21.6
19.4
17.3
15.1
13
10.8
8.66
6.5
4.34
2.18
0.0214

（a）压脚头应力云图

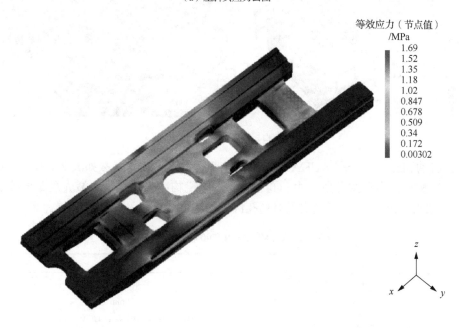

等效应力（节点值）
/MPa

1.69
1.52
1.35
1.18
1.02
0.847
0.678
0.509
0.34
0.172
0.00302

（b）底座应力云图

图 2.16　重要零件的静力学分析结果

由图 2.15 和图 2.16 可知，应力最大值出现在压脚头处，为 21.6MPa。压脚头为 45 钢，屈服强度 σ_s=355MPa，可计算得到安全系数为 26.9，则结构强度足够安全，最大位移为 0.0158mm，变形也符合要求；底座应力最大值为 1.69MPa，安全系数也足够。

■ 2.2　自动制孔系统总体设计

如图 2.17 所示，根据某装配部件生产工序，规划专用机器人自动制孔工位来实现制孔作业。该工位机械部分主要由数控工装台、两套自动制孔系统、控制柜、刀架、检刀台、工具零件柜和防护栏等组成。自动制孔系统是该工位的核心设备，其机械部分是由六轴机器人、制孔末端执行器和配套附属设备三部分组成，配套附属设备主要包括吸屑设备和主轴水冷设备等。

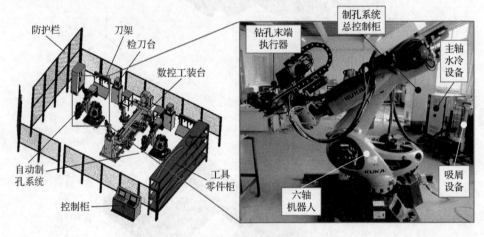

图 2.17　自动制孔工位的基本组成

自动制孔系统采用 KUKA KR270 R2700 机器人，技术参数如表 2.3 所示。制孔末端执行器为自主开发，由制孔主轴、进给机构、吸屑机构、激光测距传感器和 CCD 相机等组成，可以实现对制孔区域的寻法、制孔和检测等功能。

表 2.3　KUKA KR270 R2700 机器人技术参数

项目	规格参数
结构	六轴关节型
最大动作范围	2700mm
最大速度	J1(105°/s)；J2(101°/s)；J3(107°/s)；J4(122°/s)；J5(113°/s)；J6(175°/s)
额定负载	270kg
位置重复精度	±0.06mm
机器人重量	1129kg
控制器	KR C4

制孔系统除完成机械部分设计外，还需要搭建软件环境来协调控制末端执行器和机器人，并根据导入的工件模型，完成制孔路径规划和制孔质量检测等，图 2.18 为机器人制孔工作流程图。

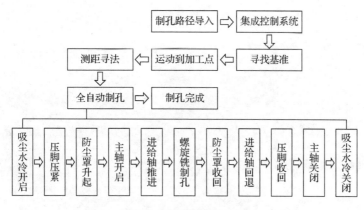

图 2.18　制孔工作流程图

刀架内的制孔刀具均使用 NT 型短刀柄模块，机器人可以自动寻刀，且通过换刀机构自动完成刀具的取放。检刀台负责刀具破损的检测和对刀，机器人每次取刀时都在此工位上进行检测，保证刀具的正确安装且刀具结构完好。另外还要到实验区进行试制，系统通过视觉检测，判定制孔质量是否符合要求，从而最大限度避免对工件造成损伤。

制孔前要进行路径规划，路径规划系统带有三维可视化交互界面，包括导入工件数模、坐标系转换、自动路径规划、用户手动路径规划和加工指令导出全套功能。

路径规划功能可以根据用户指定的点位加工顺序、点位加工类型与安全退让距离信息，自动生成加工路径，如图 2.19 所示。如果工件造型较为复杂，也可以由用户通过三维交互界面手动指定中间路径点。路径规划后的加工指令可以采用通用的 G 代码格式或其他用户需求的代码格式，采用.txt 文本方式存储，无须再次数字转换与数学计算。

自动制孔系统具备的主要功能如下。

（1）手动控制：在手动操作方式下，人员可对各电机进行正转、反转起动/停止操作。

（2）半自动控制：根据功能，将系统作业划分成多个单步动作，通过人机交互界面，可控制系统逐个完成动作，方便操作人员调试参数。

（3）自动控制：在自动控制方式下，系统按照设定好的参数，实现对各设备的自动控制和数据的自动传输，满足工艺流程的要求。

（4）紧急停止及故障报警：系统设有紧急停止操作功能。当按下急停按钮后，该区域内所控制的设备全部停止运行。系统所控制的设备出现故障时，能自动诊断并及时产生相应的声光报警信号，在现场人机界面上显示故障信息，故障排除确认后，在线任务可继续自动完成。

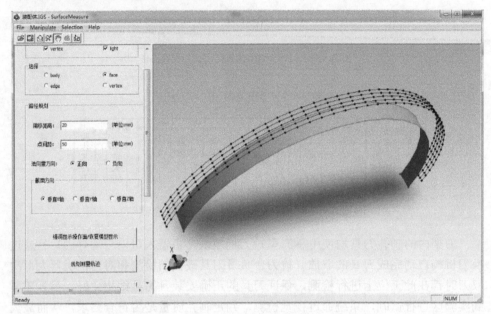

图 2.19　制孔路径规划

（5）设备维修安全保护：当对设备进行维修或维护保养时，首先通过人机界面把设备运行状态切换到手动运行模式，然后断开设备上的本地开关，切断设备动力电源，从而保证操作、维修人员的安全。

（6）停电保持功能：当遇故障突然停电时，控制程序可以保持当前的状态，当重新上电后根据需要继续正常运行。

■ 2.3　铣孔末端执行器研制

针对较小作业空间难加工材料的精密钻孔需求，为提升相关航空部件的钛合金和 CFRP 等制孔精度和制孔效率，开发满足使用环境条件和空间要求、可安装在机器人上的螺旋铣孔末端执行器。与其他现有同类设备相比较，要求该螺旋铣孔末端执行器具备结构紧凑、节能、便携、操作方便等特点，满足较小作业空间高质量和高效率制孔需要。

螺旋铣孔末端执行器由机械系统和控制系统两部分组成。如图 2.20 所示，螺旋铣孔末端执行器初步方案的机械系统主要包括螺旋铣削单元、离合转换机构、轴向进给机构、刀具夹持单元以及承载框架与连接法兰五部分组成，而控制系统硬件主要是工业控制柜，由控制单元、触摸屏、伺服电机驱动器和常规配电器件等组成。

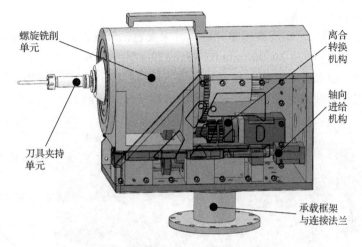

图 2.20 螺旋铣孔末端执行器方案图

2.3.1 螺旋铣削单元设计

螺旋铣削单元的基本原理如图 2.21 所示，外套筒的轴心为 O_1，内套筒的轴心为 O_2，内套筒可以在外套筒内转动；制孔主轴安装在内套筒上，其轴心为 O_3。

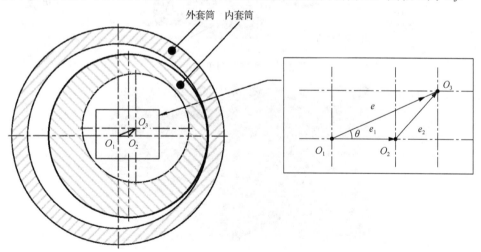

图 2.21 螺旋铣削单元的基本原理图

制孔时内外套筒位置锁定，外套筒带动内套筒和钻孔主轴一同旋转，实现螺旋铣削，偏心距即为 O_1O_3。O_1O_3 可以通过向量 e 表示如下：

$$e = e_1 + e_2 \tag{2.12}$$

式中，向量 e 表示 O_1O_2，向量 e_2 表示 O_2O_3，且 $|e_1|=|e_2|$。

通过改变向量 e_1 与向量 e 之间夹角 θ 的大小，可以调整 $|e|$ 的大小，从而最终实现偏心距 O_1O_3 变化。

如图 2.22 所示，螺旋铣削单元的组件主要包括外壳、外套筒、内套筒和电主轴等。选用了工作转速 30000r/min 的 HSD 327L 型号的 3kW 水冷电主轴作为制孔主要动力源，技术参数如图 2.23 所示，该主轴直径 80mm，采用 HSK-E25 刀柄形式，最高工作转速可达 30000r/min，满足高速铣孔加工能力。

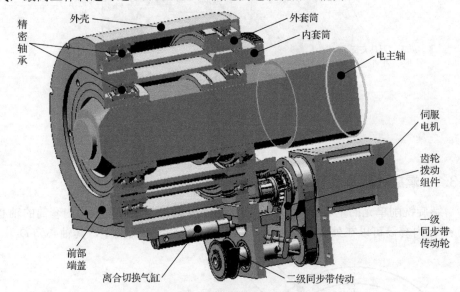

图 2.22　螺旋铣削单元组成

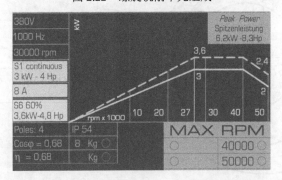

图 2.23　HSD 327L 水冷电主轴的性能参数

外壳与底座固定连接，其内装有外套筒和内套筒，两套筒既能够单独旋转也可以锁定。内套筒端部外周装有从动齿圈，内部装有水冷电主轴，水冷电主轴与内套筒预设一个固定值偏心距，内套筒和外套筒的中心轴之间也存在一个等值的偏心距。当偏心距的向量之和为零时，螺旋铣孔末端执行器仅能实现与刀具等直径的钻孔功能；当偏心距的向量之和大于零时，可以进行铣孔加工，此时若增加轴向运动，则可实现螺旋铣孔功能。设计时，内外套筒的最大偏心距值为 3mm。为了提高螺旋铣削的工作稳定性，内轴承和外轴承均选择恩斯克（NSK）的 JIS2 级精密深沟球轴承，其内圈和外圈的径向跳动较小，轴承的径向间隙分别为 1～18μm 和 2～23μm，经核算，该轴承可以保证螺旋铣孔精度和稳定性需求。

2.3.2　离合转换机构设计

离合转换机构包括伺服电机、主动齿轮、气缸与拨动组件、花键轴、一级从动带轮、电磁制动器、中间轴和二级主动带轮等，其工作原理如图 2.24 所示。

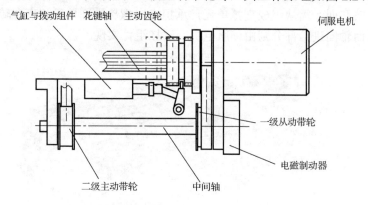

图 2.24　离合转换机构工作原理

离合转换机构利用单个伺服电机同时实现了铣削公转运动和偏心调节。中间轴的两端由轴承定位支撑，另一端穿过设置在底座上的固定板与电磁制动器连接，并与固定板轴承连接。伺服电机输出轴与花键轴连接，而花键轴上依次设置有同步带驱动轮和滑动齿轮，同步带驱动轮与花键轴之间使用轴承连接，滑动齿轮中间制有花键轴套，与花键轴配合，离合切换气缸通过牵引拉杆和齿轮拨动件带动滑动齿轮沿着花键轴移动，它的一端能与同步带驱动轮侧的内齿圈啮合，而另一端可以与从动齿轮啮合。

伺服电机通过花键轴和齿轮啮合驱动一级同步带传动的主带轮，其从动带轮和二级同步带传动的主动带轮都安装在中间轴上，通过二级同步带传动，将动力送至外套筒，并可驱动外套筒转动，从而实现铣削公转运动。

当要进行偏心调节时，电磁制动器开始工作，锁止了中间轴，从而限制了外套筒转动。齿轮拨动件牵引主动齿轮移动至图 2.24 所示的虚线位置，此时滑动齿轮与同步带驱动轮分开，滑动齿轮与连接在内套筒的从动齿圈啮合同时开启了内外套筒的机械锁扣，即滑动齿轮转动能够带动从动齿圈转动，进而可以带动内套筒相对外套筒转动。由于外套筒和内套筒均存在偏心距，通过调整伺服电机的转动角度，可以改变外套筒与水冷电主轴的偏心距（数值为内外套筒偏心距的向量和），实现了偏心量的调节。当要进行螺旋铣削时，齿轮拨动件牵引滑动齿轮移至如图 2.24 所示的当前位置，此时滑动齿轮与从动齿轮分离，与同步带驱动轮侧的内齿圈啮合同时关闭了内外套筒机械锁扣，电磁制动器分离，伺服电机可以驱动外套筒带动内套筒和电主轴一并转动，从而实现偏心铣削。

参照 2.1 节制孔末端执行器伺服电机和气缸选型计算，选用了松下型号为 MHMD 022S1V 的 200W 伺服电机和 SMC 公司的 CDJ2B16 气缸作为动力原件。

2.3.3 轴向进给机构设计

该机构的主要功能是在制孔过程中实现轴向进给，基本方案如图 2.25 所示，由两条导轨和四个滑块组成支撑单元，承担来自螺旋铣削单元和离合转换机构的作用力，而轴向进给部分则由伺服电机、丝杠组件实现。

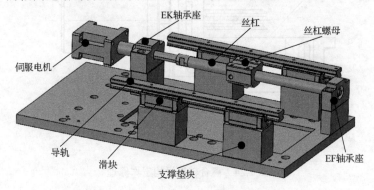

图 2.25 轴向进给机构组成

选择导轨在外力和惯性力共同作用下水平钻孔工况进行分析。参照螺旋铣孔文献，推算铣削 ϕ22mm 孔时主轴受到的轴向力 F_1=600N，径向力 F_2=200N、F_3=200N，制孔末端执行器总质量估算为 m=25kg，参照图 2.26，取加速度 a=0.1m/s^2，起动加速时间 t_1 和减速时间 t_3 都为 0.1s，t_2=1s，对滑块负荷进行计算。

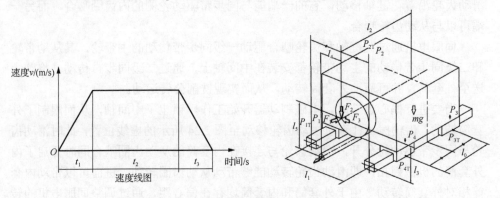

图 2.26 进给速度与进给机构受力分析

当外力起作用时，在 F_1 作用下有

$$
\begin{cases}
P_1 = P_4 = -\dfrac{F_1 \cdot l_5}{2l_0} \\[2mm]
P_2 = P_3 = \dfrac{F_1 \cdot l_5}{2l_0} \\[2mm]
P_{1T} = P_{4T} = \dfrac{F_1 \cdot l_4}{2l_0} \\[2mm]
P_{2T} = P_{3T} = -\dfrac{F_1 \cdot l_4}{2l_0}
\end{cases}
\tag{2.13}
$$

在 F_2 作用下有

$$
\begin{cases}
P_1 = P_4 = \dfrac{F_2}{4} + \dfrac{F_2 \cdot l_2}{2l_0} \\[2mm]
P_2 = P_3 = \dfrac{F_2}{4} - \dfrac{F_2 \cdot l_2}{2l_0}
\end{cases}
\tag{2.14}
$$

在 F_3 作用下有

$$
\begin{cases}
P_1 = P_2 = \dfrac{F_3 \cdot l_3}{2l_1} \\[2mm]
P_3 = P_4 = -\dfrac{F_3 \cdot l_3}{2l_1} \\[2mm]
P_{1T} = P_{4T} = -\dfrac{F_3}{4} - \dfrac{F_3 \cdot l_2}{2l_0} \\[2mm]
P_{2T} = P_{3T} = -\dfrac{F_3}{4} + \dfrac{F_3 \cdot l_2}{2l_0}
\end{cases}
\tag{2.15}
$$

因此，外力综合作用时，计算 $P_1 \sim P_4$ 的数值为 $P_1 = -328.01 + 477.23 + 79.05 = 228.27(\text{N})$，$P_2 = 328.01 - 377.23 + 79.05 = 29.83(\text{N})$，$P_3 = 328.01 - 377.23 - 79 = -128.22(\text{N})$，$P_4 = -328.01 + 477.23 - 79 = 70.22(\text{N})$。

当惯性力起作用时，在加速状态下有

$$
\begin{cases}
P_{a1} = P_{a4} = \dfrac{mg}{4} - \dfrac{m \cdot a_1 \cdot l_5}{2l_0} \\[2mm]
P_{a2} = P_{a3} = \dfrac{mg}{4} + \dfrac{m \cdot a_1 \cdot l_5}{2l_0} \\[2mm]
P_{a1T} = P_{a4T} = \dfrac{m \cdot a_1 \cdot l_4}{2l_0} \\[2mm]
P_{a2T} = P_{a3T} = -\dfrac{m \cdot a_1 \cdot l_4}{2l_0}
\end{cases}
\tag{2.16}
$$

将铣削参数代入式（2.16）可得 $P_{a1} = P_{a4} = 59.88\text{N}$，$P_{a2} = P_{a3} = 62.62\text{N}$，$P_{a1T} = P_{a4T} = 0.59\text{N}$，$P_{a2T} = P_{a3T} = -0.59\text{N}$。

在匀速状态下有

$$P_{b1} = P_{b2} = P_{b3} = P_{b4} = \frac{mg}{4} = 61.25(\text{N}) \tag{2.17}$$

在减速状态下有

$$\begin{cases} P_{d1} = P_{d4} = \dfrac{mg}{4} + \dfrac{m \cdot a_3 \cdot l_5}{2l_0} \\[2mm] P_{d2} = P_{d3} = \dfrac{mg}{4} - \dfrac{m \cdot a_3 \cdot l_5}{2l_0} \\[2mm] P_{d1T} = P_{d4T} = -\dfrac{m \cdot a_3 \cdot l_4}{2l_0} \\[2mm] P_{d2T} = P_{d3T} = \dfrac{m \cdot a_3 \cdot l_4}{2l_0} \end{cases} \tag{2.18}$$

将铣削参数代入式（2.18）可得 $P_{d1} = P_{d4} = 62.62\text{N}$，$P_{d2} = P_{d3} = 59.88\text{N}$，$P_{d1T} = P_{d4T} = -0.59\text{N}$，$P_{d2T} = P_{d3T} = 0.59\text{N}$。

导轨的平均负荷为

$$P_{mn} = \sqrt[3]{\frac{1}{l_s}\left[\left(P_n + P_{an}\right)^3 \cdot S_1 + \left(P_n + P_{bn}\right)^3 \cdot S_2 + \left(P_n + P_{dn}\right)^3 \cdot S_3\right]} \tag{2.19}$$

式中，P_{mn} 为 n 号滑块平均负荷，N；P_n 为 n 号滑块不变负荷，N；P_{an}、P_{bn}、P_{dn} 分别为 n 号滑块的加速、等速和减速变化负荷，N；S_1、S_2、S_3 分别为加速距离、等速距离和减速距离，m；l_s 为滑块移动总距离，$l_s = S_1 + S_2 + S_3$，m。

将上述计算结果代入式（2.19），得各个滑块的平均负荷为 $P_{m1} = 289.52\text{N}$，$P_{m2} = 91.09\text{N}$，$P_{m3} = -66.98\text{N}$，$P_{m4} = 131.48\text{N}$。参考螺旋铣孔末端执行器装配空间，初选 THK 的 SR15W 导轨，该导轨的基本额定动载荷为 9.51kN，完全满足技术要求。

现对其进行校核，导轨寿命按照 7 年单班次（8h/班次）校核，参照式（2.1），计算其额定寿命 L 如下：

$$L = \frac{2 \times n \times s \times L_h \times 60}{10^6} = \frac{2 \times 20 \times 75 \times 60 \times 15000}{10^6} = 2700(\text{km}) \tag{2.20}$$

式中，L_h 为寿命时间，$L_h = 15000\text{h}$；s 为移动件行程长度，$s = 0.075\text{m}$；n 为移动件每分钟往复次数，$n = 20$。

滚动体为钢球时，根据式（2.3）计算动载荷如下：

$$L = \left(\frac{f_H f_T f_C f_R}{f_W} \times \frac{C}{F}\right)^3 \times 50 = \left(\frac{1 \times 1 \times 0.81 \times 0.9}{1.3} \times \frac{C}{0.5}\right)^3 \times 50 \tag{2.21}$$

式中，C 为动载荷，kN；F 为计算载荷，kN；f_H 为硬度系数，$f_H = 1$；f_T 为温度系数，工作温度 $\leqslant 100\text{℃}$ 时，$f_T = 1.00$；f_C 为接触系数，由于每根导轨上的滑块数为 2，所以 $f_C = 0.81$；f_W 为载荷系数，$f_W = 1.3$；f_R 为精度系数，$f_R = 0.9$。

计算得 $C=3.38\text{kN}$。查阅 THK 产品手册选择滚动导轨型号为 SR15W，其基本额定动载荷 $C_a=9.51\text{kN}>C=3.38\text{kN}$，所以该规格导轨可以满足要求，最终选型为 THK SR15W-2UU-C0-M-YSP-Ⅱ超精密级导轨。

伺服电机和丝杠的选型计算参照钻孔末端执行器设计过程，最终选择松下 MHMD 400W 高惯量带 17 位绝对编码器和制动的伺服电机，型号为 MHMD 042S1V。选择 THK BNT1404-3.6 RRG0-C0-M 型号的预压滚珠丝杠配合 EK 和 EF 系列支撑单元，该丝杠导程精度可达±0.01mm，基本额定动载荷 $C_a=4.2\text{kN}$，满足螺旋铣孔末端执行器的需要。

轴向进给机构最终组成为松下的 MHMD 042S1V 伺服电机和两根 THK SR15W-2UU-C0-M-YSP-Ⅱ超精密级导轨以及 THK BNT1404-3.6 RRG0-C0-M 预压滚珠丝杠等，可以保证进给精度。

2.3.4　刀具夹持单元设计

选择 HSK-ER25 夹头，最大可以夹持 $\phi16\text{mm}$ 刀具，通过更换弹簧筒夹可以完成对不同直径的铣刀或钻头进行装夹。

2.3.5　承载框架与连接设计

承载框架主要由底座、左右侧板、背板和上盖板四部分构成，所用材质为 6061 铝合金，其材料致密，韧性高且加工后不易变形，可靠性较好。连接法兰的材质为 45 钢，经调质处理后，具有良好的综合机械性能。连接法兰有两种安装方式，如图 2.27 所示，可以满足不同结构件钻孔需求，大大提高了末端执行器的通用性。

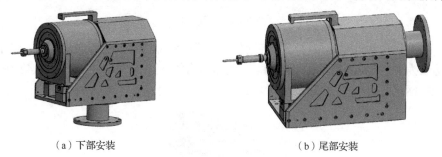

（a）下部安装　　　　　　　　　　　（b）尾部安装

图 2.27　连接法兰的安装示意图

2.3.6　控制系统

控制系统由控制单元、运动控制卡、伺服驱动器、光栅尺、电磁阀和触摸屏等组成。控制系统可根据铣刀直径与铣孔直径自动计算出偏心距，并通过控制气动电磁阀驱动气缸来调节离合转换机构状态，即离合转换机构中的滑动齿轮与齿圈进入啮合，伺服电机能够自动调整内套筒和外套筒的相对转角，完成偏心距设定。该部分内容不属本书研究内容，不再展开论述。

2.3.7 关键部件的强度校核

为使末端执行器满足强度要求,本节对其结构件进行有限元仿真,并观察其最大等效应力和变形量。首先对模型进行简化,然后设定材料,添加约束与载荷。螺旋铣削单元、离合转换机构、轴向进给机构、刀具夹持单元和连接法兰等采用45钢,承载框架采用6061铝合金,具体材料参数如表2.4所示。

表 2.4　主要部件的材料参数

部件	杨氏模量/GPa	密度/(kg/m³)	泊松比	抗拉强度/MPa	屈服强度/MPa
螺旋铣削单元等	200	7800	0.27	570	285
承载框架	70	2700	0.35	370	95

加载的模型如图2.28所示,向刀头处施加轴向力600N,侧向切削和进给力均为200N,法兰则设定为固定约束。

（a）刀头载荷的加载　　　　　　　　（b）法兰约束的定义

图 2.28　加载过程

加载完成后,对模型进行网格划分,调整关键部件和部位的网格大小,最小网格边长为0.58mm,雅可比点位为4,整体结构件共有245664个节点和142296个单元。网格划分结果如图2.29所示。

图 2.29　网格划分结果

整体有限元分析后,结果如图2.30所示,图2.30（a）中隐藏电主轴和刀具,可看出最大应力点发生在导轨座,大小为31.6MPa,导轨座采用45钢,其安全系数为9.01,系统可靠。由图2.30（b）可知,最大变形在外壳处,为0.0714mm,满足技术要求。

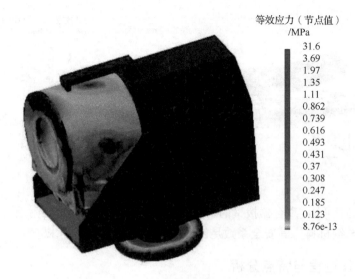

等效应力（节点值）
/MPa

31.6
3.69
1.97
1.35
1.11
0.862
0.739
0.616
0.493
0.431
0.37
0.308
0.247
0.185
0.123
8.76e-13

（a）应力云图

位移/mm

0.0714
0.0643
0.0571
0.05
0.0429
0.0357
0.0286
0.0214
0.0143
0.00714
0

（b）变形位移云图

图 2.30　螺旋铣孔末端执行器整体仿真结果

同时对关键部件离合器拨叉进行单独仿真，校核其强度。具体等效应力分布如图 2.31 所示。

图 2.31　离合器拨叉仿真结果

由图 2.31 可知,离合器拨叉的最大等效应力出现在中间转轴附近,为 26MPa,该拨叉为 45 钢材料,其安全系数足够,可以满足离合操作需求。

2.3.8　工作过程与特点分析

螺旋铣孔末端执行器实物如图 2.32 所示。详细论述已经在发明专利“一种用于螺旋铣孔的末端执行装置”中公开,专利授权公告号为 CN111604527B。

螺旋铣孔末端执行器是满足高速自转、可调偏心公转以及精密轴向进给的复合运动条件的可移动工作设备,其结构复杂且精度要求高,机械零部件设计和制造、电气元件选型、软件控制等都可能影响螺旋铣孔末端执行器的性能和可靠性。整个执行器除伺服电机和轴承、螺栓等标准件外,大部分结构为自主开发,在结构设计时,充分考虑了精度和可靠性因素。

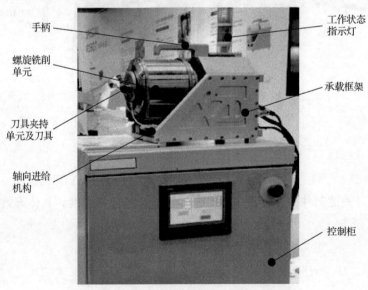

图 2.32　螺旋铣孔末端执行器

螺旋铣孔末端执行器可以安装在工业机器人或多轴数控系统末端，工作过程如下。

（1）在控制端设定偏心值、公转转速（或径向进给速度）、轴向进给速度（或公转螺距）以及水冷电主轴的转速等参数值。

（2）将末端执行器移至工件表面预定位置，其轴线与待铣孔表面法线保持重合，控制离合转换机构中的气缸工作拉动齿轮拨动件，将滑动齿轮拨动到与同步带脱离啮合的状态，而与内套筒连接的从动齿圈啮合并开启内外套筒之间的锁扣。

（3）电磁制动器工作，将中间轴制动，由于外套筒通过二级传动同步带与传动轴连接，因此外套筒也被制动。

（4）公转和偏心调节伺服电机工作，带动滑动齿轮旋转，从而带动从动齿轮和内套筒旋转，即通过内外套筒之间相对转动的方式调整偏心距，内套筒带动水冷电主轴实现偏心运动。

（5）离合转换机构中的气缸工作，将滑动齿轮推动到与同步带轮侧内齿圈啮合，同时触发了内外套筒之间的锁扣，使内套筒与外套筒连为一体相对固定，公转和偏心调节的伺服电机工作，带动滑动齿轮旋转，并通过两级带传动后，牵引内外套筒共同旋转，从而实现了公转。

（6）控制水冷电主轴转动，控制轴向进给，最终完成螺旋铣孔。

总结该螺旋铣孔末端执行器具有如下特点。

（1）实现一刀制多孔。通过调节刀具的偏移量可实现单一直径尺寸的刀具加工不同直径的孔，可加工出圆柱孔、偏心孔和台阶孔等多规格孔，主轴转速 $40\sim20000\text{r/min}$，最大建议螺旋铣孔直径为 $\phi16\text{mm}$。

（2）刀具寿命得到延长。螺旋铣孔是一种断续的切削加工过程，减少了热量的聚集，减轻了加工难加工材料时的刀具磨损现象。

（3）制孔质量得到提高。偏心加工方式保证切屑有足够的排出空间，避免了切屑划伤孔壁表面，有利于改善孔壁的表面加工质量。

（4）制孔精度得到提高。螺旋铣削工艺制孔，轴向切削力比传统钻削方法小，减少了工件特别是薄壁工件变形，制孔精度为 H7～H9。

（5）定位精度得到提高。采用螺旋铣削工艺可以进行扩孔、孔空位纠正等修复加工，孔中心线与该点曲面法线的误差小于 $0.5°$，孔位重复定位精度为 $\pm0.01\text{mm}$。

（6）工作环境得到改善。辅以真空吸屑机构，可以加速切屑的排除和收集，避免切屑散落引起的工作环境污染，又可以减小制孔过程的温升。

（7）结构紧凑，体积小，便携。单个伺服电机同时控制偏心调节和公转，通过控制气缸来控制齿轮的啮合状态，实现调节偏心距与螺旋铣孔状态的切换，最终实现单个伺服电机同时控制偏心调节和公转，同时也降低了装置的自重，总重低于 40kg。

■ 2.4　本章小结

本章主要完成了钻孔末端执行器和铣孔末端执行器的开发。针对某空间紧凑型装配部件的自动制孔需求，进行了制孔末端执行器的机械设计相关部件选型计算以及对关键结构件校核，研制了可以满足该装配部件多规格、多数量和高精度制孔需要的制孔末端执行器，并根据工位需求规划了专用机器人自动制孔系统；针对较小作业空间的难加工材料的自动制孔需求，经过结构设计、相关部件选型计算以及对关键结构件校核后，研制了具备结构紧凑、体积小和便携特点，满足较小作业空间难加工材料铣孔需要的螺旋铣孔末端执行器。两款执行器都有独立控制系统，可以实现人机交互和全自动化运行，且都可以安装在机器人上，由控制系统集中控制，组成机器人自动制孔系统，由机器人驱动实现多方位自动化制孔。

■ 参考文献

[1] 付鹏强，蒋银红，王义文，等. CFRP 制孔加工技术的研究进展与发展趋势[J]. 航空材料学报，2019，39（6）：32-45.

[2] 金洁，田威，李波. 一种自动钻铆末端执行器的设计[J]. 中国机械工程，2020，31（13）：1555-1561.

[3] 宋尧. 机器人自动制孔末端执行器研制及制孔质量控制方法研究[D]. 上海：上海交通大学，2017.

[4] 李源，胡永祥，姚振强. 预压紧力下叠层铝合金钻孔层间毛刺试验研究[J]. 组合机床与自动化加工技术，2014（2）：110-113.

[5] 费少华，方强，孟祥磊，等. 基于压脚位移补偿的机器人制孔锪窝深度控制[J]. 浙江大学学报（工学版），2012（7）：6-10，30.

[6] 徐静亚. 普通铣床的数控改造[D]. 苏州：苏州大学，2010.

[7] 陈宇鹏. 精密陶瓷件加工工作台的设计[D]. 合肥：合肥工业大学，2010.

[8] 张昱. 三维机械雕刻机的研制[D]. 合肥：合肥工业大学，2002.

[9] 陈康. 镜框打磨机床的结构分析及运动精度的研究[D]. 广州：华南理工大学，2018.

第 3 章

制孔系统软件开发

自动制孔是一项集成多种先进数字化技术的加工技术体系，广泛用于工业自动化生产行业。在飞机制造业中，铆接、螺栓连接占有相当大的比重，因此飞机制造业中存在大量的制孔操作[1]。随着机器人技术的发展，机器人各方面性能都得到大幅提高，机器人自动制孔技术也被应用到飞机制造业中。它克服了传统手工制孔的缺点，可以大幅提高制孔效率，并能够提高制孔的定位精度和加工质量，满足飞机制造中高疲劳寿命的要求。在国外，机器人自动制孔技术在飞机制造业已广泛应用，但在国内，该技术目前还处于起步状态[2]。本章依托机器人自动制孔试验平台，针对其控制设备展开研究，着重针对三坐标定位器、机器人平台及末端执行器进行分析，基于制孔工艺，定制机器人自动制孔控制系统软件，满足试验所需功能，并配合机器人完成相关加工试验等。

3.1 软件系统基本组成

软件系统主要包括集成控制系统、制孔路径规划与位置修正、寻法算法、视觉检测系统、自动换刀及刀具检测系统。

3.1.1 软件控制拓扑

软件系统的控制拓扑如图 3.1 所示。

集成末端执行器、刀架、检刀台、外围护栏安全门于一体。末端执行器包括相机、寻法传感器、压脚、给进光栅尺、吸尘器、主轴等；检刀台包括检刀台自动门、相机等。

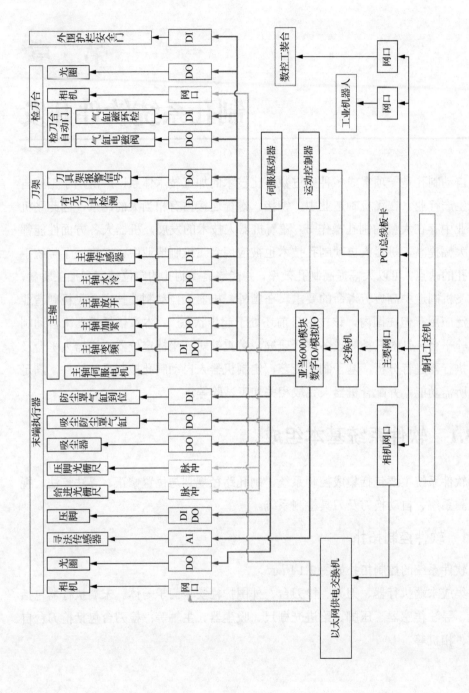

图 3.1 控制拓扑图

3.1.2　界面设计

界面设计包括设计用户登录界面、制孔主界面、工件选择界面、菜单、用户管理界面等。

用户登录界面如图 3.2 所示，用户登录界面的软件部分功能如下。

（1）输入【用户名】和【密码】后，对比【数据库】存在的数据，判断是否为正确用户。

（2）登录后的【用户名】保存在用户名下拉列表中。

（3）数据库采用 SQLLITE3，属于软件本身自带轻量级数据库。

图 3.2　用户登录界面

登录成功过的用户名，在后台数据库保存，无法删除。密码输入时显示：******。

制孔主界面包括：制孔操作区域、工件制孔信息区域、登录软件的人员信息区域、工位机的系统时间区域、软件的版本信息区域。

选定数模后，数模的孔位置显示区域动态显示制孔信息。制孔主界面如图 3.3 所示。

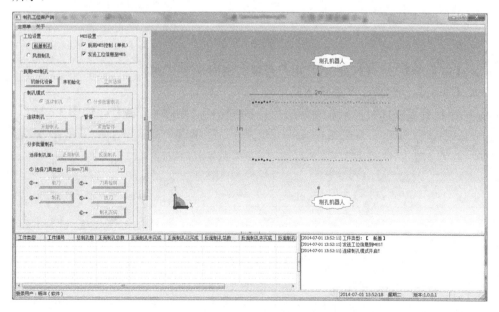

图 3.3　制孔主界面

工件选择界面：选取待加工工件的孔位信息文件（.txt），支持导入功能。工件选择界面如图 3.4 所示。

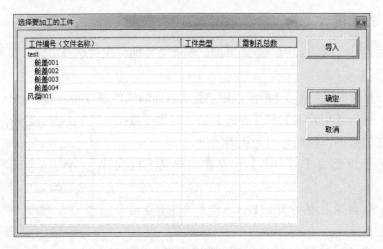

图 3.4　工件选择界面

菜单如图 3.5 所示。

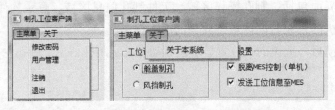

图 3.5　菜单

【主菜单】包含修改密码、用户管理、注销、退出功能。

【关于】包含关于本系统功能。

用户管理界面可以进行新建用户、修改密码、删除用户操作，如图 3.6 所示。

图 3.6　用户管理界面

3.1.3　制孔主界面功能

制孔主界面功能包括工位相关信息设置、操作日志、工件状态显示区域、MES设置区域。

1.　工位相关信息设置

对应选择保存在【MakeHole.ini】配置文件中。

（1）制孔软件启动后，读取【MakeHole.ini】配置文件，如果没有文件存在，自动创建并且初始化。默认制孔软件与 MES 相连。

（2）制孔软件分【舱盖制孔】和【风挡制孔】，可对应两个制孔工位独立安装。

（3）有关 MES 设置如下。

【脱离 MES 控制（单机）】在没有被选中的情况下，制孔软件有关制孔控制都由 MES 控制，相关按钮都为灰色。自动发送工位信息至 MES。

【脱离 MES 控制（单机）】在选中的情况下，可以人工通过此软件控制制孔，并且【发送工位信息至 MES】可以人工设定。

【发送工位信息至 MES】：由制孔软件向 MES 控制机发送信息。

工位信息如图 3.7 所示，与 MES 通信采用 socket 通信的方式，如表 3.1 所示。

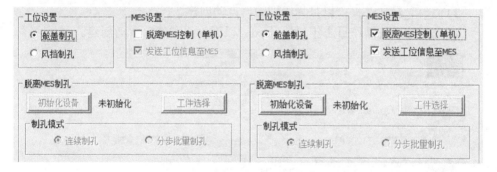

图 3.7　工位信息图

表 3.1　通信方式

状态	MES 发送	方向	制孔控制软件发送
制孔过程中	【工件是否到位】、【工件型号】、【开始制孔】	→	
		←	【设备正常】、【开始制孔】
		←	【制孔工艺完毕】、【各个刀具使用次数】、【孔信息】：（2.66 孔 500 个、4.11 孔 800 个等）
		←	【制孔完成后质检结果】
空闲	【制孔工位内硬件状态】：是否工作正常	→	【制孔工位内硬件状态】：是否工作正常
		←	
	【工位状态】：是否空闲	→	【工位状态】：是否空闲
		←	

2. 操作日志

操作日志在软件主界面右下方显示，具体设计如下。

（1）初始显示为从【MakeHole.ini】配置文件读出的信息，日志内容不清除。

（2）有关颜色：

MES 命令和系统程序提示的信息使用蓝色（蓝色 RGB(0,176,240)）。

错误信息采用红色（红色 RGB(255,0,0)）。

绿色暂时备用（绿色 RGB(0,155,0)）。

一般普通信息使用黑色（黑色 RGB(0,0,0)）。

（3）对应的所有操作日志都会在程序相同的目录下生成一个日志，如图 3.8 所示。格式如下：

LOG/LOG_年_月/制孔工位系统操作日志年_月_日.txt。

LOG 文件夹：如果不存在，自动创建。

LOG_年_月文件夹：以月为级别的，自动创建。

制孔工位系统操作日志年_月_日.txt：以天为级别的，自动创建。

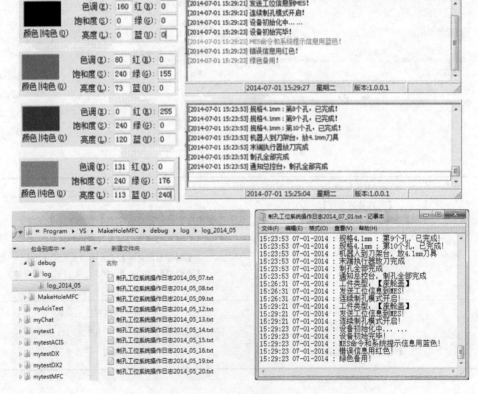

图 3.8　操作日志

3. 工件状态显示区域

选择工件后，工件的基本信息在工作状态显示区域显示，在制孔过程中实时更新。工件状态显示如图 3.9 所示。

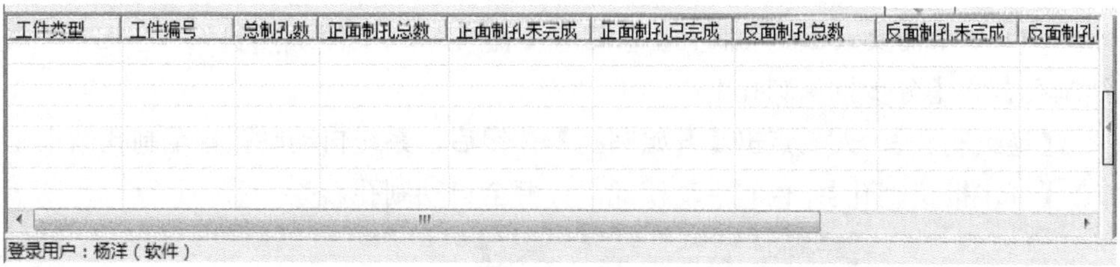

工件类型	工件编号	总制孔数	正面制孔总数	正面制孔未完成	正面制孔已完成	反面制孔总数	反面制孔未完成	反面制

登录用户：杨洋（软件）

图 3.9　工件状态显示

图 3.10 为制孔工位主界面功能——工件制孔信息区域，包括：工件选择后，数模中的孔位会高亮显示；初始点都为绿色小号，正在制的孔显示为红色大号，已完成的孔显示为黑色；画面设置不可旋转；ACISR20+HOOPS1700；系统将对最终显示画面进行优化。

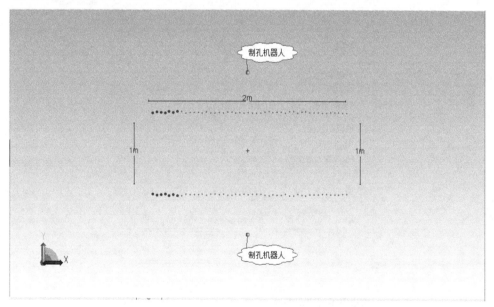

图 3.10　工件制孔信息区域

制孔工位主界面功能——制孔区域总体分为【工位设置】、【MES 设置】、【脱离 MES 制孔】、【制孔完成后质检结果】，如图 3.11 所示。

（1）软件开启后，需要先指定是【舱盖制孔】还是【风挡制孔】。

（2）在【MES 设置】中指定是否脱离 MES 控制（单机），若选中【脱离 EMS 控制（单机）】，则软件对制孔过程不可操作。

（3）在系统自动制孔完成后，需人工点击【制孔完成后质检结果】反馈信息回 MES 系统。

（4）如果需要人工驱动制孔，可勾选【脱离 MES 控制（单机）】，并选择【连续制孔】和【分步批量制孔】。

【连续制孔】：人工点击【开始制孔】按钮后，系统自动制孔直至制孔结束。

【分步批量制孔】：也叫点动模式，分解全自动制孔。

图 3.11　制孔工位主界面

4. MES 设置区域

（1）初始化设备：脱离 MES 后，如果需要进行制孔，第一步必须先初始化工位内设备。初始化完成→绿色 RGB(0,155,0)，初始化失败→红色 RGB(255,0,0)。初始化图标如图 3.12 所示。

图 3.12　初始化图标

初始化设备失败：LOG 里对应提示错误信息，如图 3.13 所示。

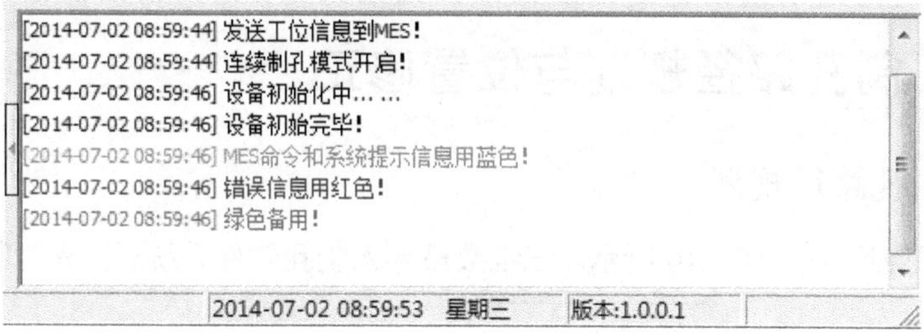

[2014-07-02 08:59:44] 发送工位信息到MES!
[2014-07-02 08:59:44] 连续制孔模式开启!
[2014-07-02 08:59:46] 设备初始化中……
[2014-07-02 08:59:46] 设备初始完毕!
[2014-07-02 08:59:46] MES命令和系统提示信息用蓝色!
[2014-07-02 08:59:46] 错误信息用红色!
[2014-07-02 08:59:46] 绿色备用!

2014-07-02 08:59:53　星期三　版本:1.0.0.1

图 3.13　信息图

初始化设备成功后：【工件选择】按钮变为可点击状态，如图 3.14 所示。

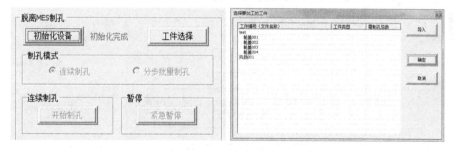

图 3.14　工件选择

（2）工件选择：这里选择的工件是事先规划好的路径文件，设计为.txt 文本文件，文件内包括孔大小信息、孔坐标、机器人的路径规划信息、使用几个机器人。

（3）制孔模式：有两种模式，分别为【连续制孔】和【分步批量制孔】。【连续制孔】模式为全自动制孔，即一键制孔。【分步批量制孔】模式按如下步骤完成制孔流程：①【选择制孔面】（如正面制孔或反面制孔）；②【选择刀具类型】（如2.6mm、4.1mm、5.1mm、6.1mm 刀具）；③【取刀】；④【检刀】；⑤【制孔】；⑥【放刀】；⑦【制孔完成】。

3.1.4 用户管理

用户管理界面包括：新建用户、修改密码、删除用户。

图 3.15 权限管理示意图

在工具栏上面的用户管理功能中提供用户登录以及权限管理等相关信息，允许有权限的用户进行修改，用户名与密码分别对应登录信息，在权限中分别对应着不同的功能码，如图 3.15 所示，共设置三种权限模式，0表示只有登录和加工权限，1 表示管理员，拥有最高的管理权限和订单操作权限，2 表示具有登录使用权限和订单修改权限等。

■ 3.2 制孔路径规划与位置修正

3.2.1 制孔路径规划

路径规划流程如图 3.16 所示。三维数模导入制孔软件系统后，先对制孔机器人

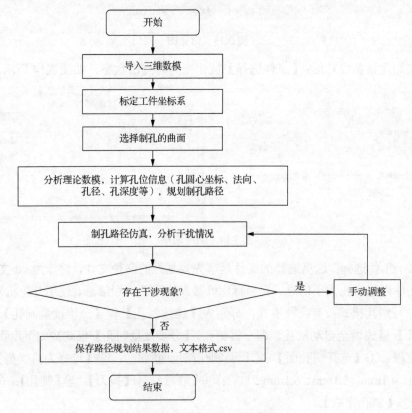

图 3.16 制孔路径规划流程图

工位空间坐标系进行标定,步骤为:①将 KUKA 机器人空间坐标系作为已知参数,再建立末端执行器空间坐标系,融入机器人坐标系。②标定工件位置,建立工件空间坐标系,确定三个坐标系的数学关系;标定完毕后选定需要制孔的平面或者曲面,系统将自动搜集特征面的孔的相关信息,如孔圆心坐标、法向、孔径、孔深等;待人工增减孔后,系统将自动规划制孔路径,可对制孔路径进行仿真和干涉检验并使用三维可视化交互界面显示。仿真功能包括离线仿真和在线仿真两部分,离线仿真用于模拟执行加工指令,并验证加工指令是否会导致工具头与工件间产生干涉;在线仿真用于实时显示系统硬件设备的运行状态。对存在干涉区域的孔位或路径进行人工修订,并再次进行仿真和干涉检查。检查通过后,即完成制孔路径规划,并可对规划路径进行保存。系统可以将数模文件中包含的坐标系与 KUKA 机器人的 *XYZABC*(位置+方位角)坐标系之间进行转换。

路径规划功能支持导入.igs、.stg、.stl 等常用的三维数模文件格式,可以提取数模中的加工点位(孔圆点)信息与数模实体信息。系统还可以根据加工孔位与该孔位所在的实体曲面自动计算点位的法线方向,并形成路径命令列表,如图 3.17 所示。

图 3.17　路径命令列表

3.2.2　位置修正

由于实际待加工的工件与理论数模存在偏差,通过视觉测量基准孔,建立转换坐标系,通过坐标转换修正理论制孔路径。通过以下两步完成。

1. 全局基准（零件重新定位）

全局基准包括重新定位放置在夹具或零件（作为临时基准点）上的目标（至少3个），以计算最佳拟合变换。以某规格零件为例，其全局基准为7个，分布如图3.18所示。

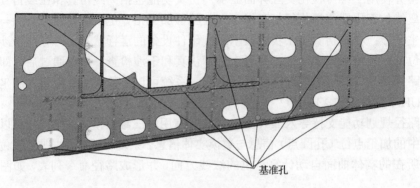

基准孔

图3.18　全局基准

2. 局部基准（加工点重新定位）

局部基准包括重新定位1个、2个或3个参考目标，以便调整它们之间的工作位置，如图3.19所示。具体调整方法包括平移调整（图3.20）、平移+旋转调整（图3.21）、平移+旋转+缩放调整（图3.22）。

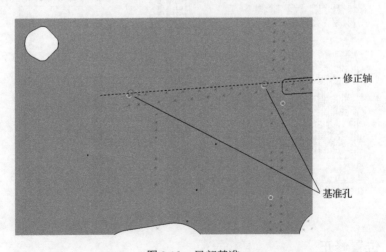

修正轴

基准孔

图3.19　局部基准

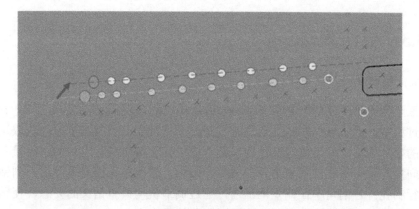

图 3.20　平移调整

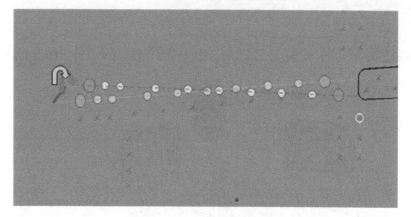

图 3.21　平移+旋转调整

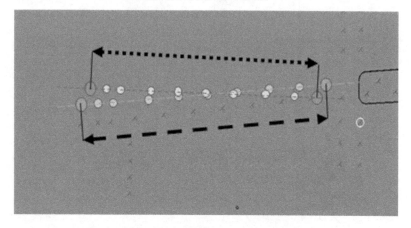

图 3.22　平移+旋转+缩放调整

3.3 寻法算法

3.3.1 测量方案

　　三个激光测距仪均匀分布在钻头轴线周围,激光测距仪的端面处于同一平面。测量过程中,系统首先在制孔点周围选择三个特征点,利用测量模块获取这些特征点的坐标数据,随后传送至法线求解程序中计算得出制孔点处的法向量。再判断法向量与钻头轴线的夹角是否在偏差范围内:若偏角在偏差范围内,则钻头直接进行制孔;若偏角不在偏差范围内,通过调节机构调整钻头的姿态,使钻头最大限度沿制孔点的法线方向制孔,保证制孔的垂直度。

3.3.2 测量原理

　　如图3.23所示,钻头移动至钻孔点 P 处,数控系统读取钻孔点 P 的坐标 (x, y, z)。

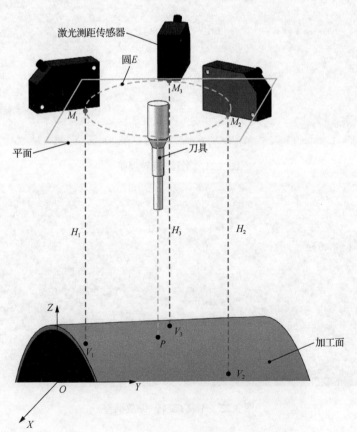

图 3.23　法线测量示意图

测量时，激光测距传感器的激光束竖直照射到加工表面钻孔点附近的区域上，产生各个特征点 $V_i(i=1,2,3)$，并测出 3 个激光测距传感器可测得点 $M_i(i=1,2,3)$ 与相对应的 3 个特征点 $V_i(i=1,2,3)$ 之间的距离 $H_i(i=1,2,3)$，即特征点在 Z 向的坐标。特征点 X 和 Y 向的坐标值由激光测距仪相对于动力头的安装位置关系确定。

假定待钻孔表面为圆锥面，属于二次曲面，将特征点 $V_i(i=1,2,3)$ 及钻孔点 P 的坐标代入二次曲面的表达式，即可求解出加工面的模型表达式 $f(x,y,z)$，进而可以得出钻孔点 P 处的法向量为 $N(\partial f/\partial x, \partial f/\partial y, \partial f/\partial z)$。

最后将测量计算得到的法向量与钻头轴线对比，得出角度偏差。若偏差不在精度范围内，则调整钻头的姿态再进行制孔；若偏差在精度范围内，则直接进行制孔。

寻法流程如图 3.24 所示，算法如下。

（1）根据数模曲面 C 上的钻孔点 P 以及理论上末端执行器刀头与钻孔点 P 的直线距离为 170mm 作为输入，求出点 P 相对于曲面上的法线 Sd_0，并在 Sd_0 上以点 P 为端点，170mm 处为点 S_0，S_0 是路径规划中的一点，S_0 和 Sd_0 为机器人位姿，如图 3.25 所示。

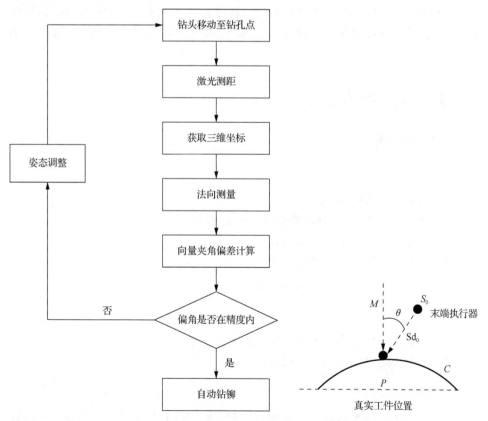

图 3.24　寻法流程图　　　　　　　图 3.25　末端执行器与工件法线的对应

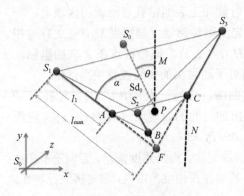

图 3.26　坐标转换

（2）已知工件上有四个基准点，且已经导给机器人数模中四个基准点坐标，根据 CCD 相机和传感器，在真实工件上寻找这四个对应的基准点，求出真实基准点中心的坐标。匹配数模上基准点坐标和真实工件上的基准点坐标，通过坐标转换（翻转和平移）得到真实工件上的路径规划，如图 3.26 所示。

（3）控制机器人经过坐标转换后的规划路径，但真实的法线和数模求出的法线实际上是有夹角 θ 的。

（4）根据测距传感器的测量信息结合设计的结构参数，可以算出法线夹角 θ 以及转换后点 P 在曲面上的法线。这时让机器人带动制孔末端执行器以曲面的交点 P（坐标转换后）为圆心，旋转 θ，即转换为实际工件曲面上的法线。

（5）判断 $S_1 \sim S_3$ 三个测距传感器的测量值 $l_1 \sim l_3$：若相等，寻法完毕，可以制孔；若不相等，使用此算法再次循环，程序会取五次寻法前平均值里面误差最小的一次。

3.4　视觉检测系统

3.4.1　需求分析

1. 检测需求

（1）最大制孔直径 10mm。

（2）制孔精度不低于 H8，垂直度公差≤±0.5°。

（3）制孔定位精度≤±0.1mm/m。

（4）重复定位精度≤±0.05mm/m。

（5）有无毛刺以及铆钉墩头的形貌。

2. 接口需求

（1）视觉在线检测系统与集成控制系统实现通信、检测。

（2）摄像头通过串口与工控机通信。

3. 实时性需求

在线监测加工时采用同步方式控制，即在检测时其他工艺过程停止，等待视觉检测完成后，根据检测结果再进行下一步工作，故对实时性要求较低。

4. 算法需求

（1）判断装备中刀具磨损、铆接末端磨损及其他故障的可能性算法。

（2）孔径获取算法以及检测获得数据同标准数据比较的误差分析算法。

3.4.2　总体设计

1. 工作流程

图像检测的工作流程如图 3.27 所示。

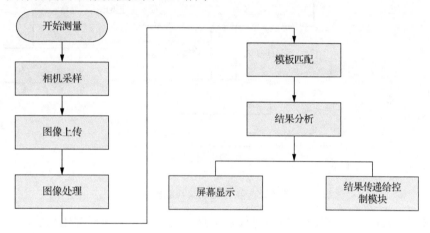

图 3.27　图像检测工作流程

2. 软件框架

软件框架中的用户界面、控制模块、图像文件存储模块、通信模块、数据库等在集成控制系统软件方案中有论述。这里主要说明检测分析模块，该模块包含多个图像分析处理算法，主要包括孔径检测算法、毛刺检测算法、定位精度检测算法。软件流程及功能模块如图 3.28 所示。

3. 图像处理算法设计

1）孔径检测算法

孔径检测算法按照如下流程分析处理：以孔径法线方向获取孔径图像→图像文件对比→有效区域提取→二值化处理→边缘提取→边缘细化→圆弧拟合→噪声去除→圆弧拟合→计算直径→结果输出。

（1）有效区域提取为缩小图像处理区域，尽可能处理图像有效区域，增加图像处理速度。

（2）二值化处理为设定某一阈值，在该阈值范围内的像素为有效数据，其余的数据作为噪声剔除，使图像中只留下有效的孔径数据。具体阈值需要经过实际检测系统的光照强度设定。

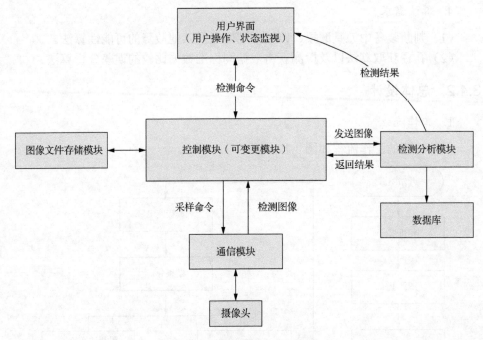

图 3.28　软件流程及功能模块

（3）边缘提取为提取孔径边缘像素信息，边缘细化为根据细化算法，去除孔径圆周中多余的像素。

（4）圆弧拟合为根据细化后的像素点数据，采用封闭圆弧样条拟合算法，拟合出圆弧，计算圆弧半径，获得检测孔径值。

（5）噪声去除为以上各步骤获得的初始圆弧数据，经过最小方差计算，去掉误差最大的一些数据点，重新进行圆弧拟合，获得精确的圆弧半径，作为拟合结果输出给控制系统及界面显示。

2）毛刺检测算法

毛刺检测算法按照如下流程分析处理：以孔径法线方向获取孔径图像→图像文件对比→有效区域提取→二值化处理→噪声去除→斑点检测→输出斑点数量和斑点面积。

毛刺图像与周边图像在颜色和灰度上有明显差异，稳定性好，抗噪声能力强，在图像检测时可将毛刺视为斑点。

斑点检测算法中对图像的处理采用了局部极值算法，通过设置阈值，对图像进行二值化并查找斑点的轮廓边缘，获取轮廓中心。定义斑点间最小距离和最小面积，在所定义的距离和面积内且轮廓面积大于最小面积阈值的轮廓中心被定义为一个斑点。

检测到的毛刺尺寸大于给定阈值时，给出相应的毛刺信息，否则判断无毛刺检测结果。

3）定位精度检测算法

具体流程同图 3.27 所示，采用封闭圆弧样条拟合算法，拟合成图 3.29 所示圆弧，获得圆弧中心位置。

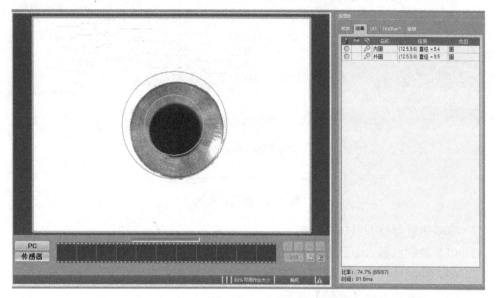

图 3.29　定位精度检测算法图示

设置一个偏移阈值，计算图像处理获取的圆弧中心与给定的圆弧中心的位置偏移量。比较偏移量和偏移阈值，得出检测是否合格的结论。

4. 相机标定

为校正镜头畸变，确定物理尺寸和像素间的换算关系，以及确定空间物体表面某点的三维几何位置与其在图像中对应点之间的相互关系，需要建立相机成像的几何模型。通过相机拍摄带有固定间距图案阵列的平板采用模板标定法标定，获得相机的几何模型，完成相机标定。

3.5　自动换刀及刀具检测系统

末端执行器换刀示意图如图 3.30 所示，取刀具体流程如下。

（1）制孔软件控制机器人走到刀架前安全位置（校验位置）。

（2）控制机器人走到 6.1mm 刀具处（校验位置）。

（3）制孔软件控制末端执行器夹刀（板卡控制主轴）。

（4）制孔软件检测刀架处的【刀具有无】状态：无→继续；有→程序终止，并报警。

（5）控制机器人走到刀架前安全位置（校验位置）。

（6）控制机器人走到初始位置。

图 3.30　换刀示意图

末端执行器检刀具体流程如下。

（1）控制机器人走到检刀台检测位置（校验位置）。

（2）控制检刀台【自动门】打开。

（3）控制检刀台【光源】打开。

（4）控制末端执行器主轴伸出→使刀具露出，CCD 能取相。

（5）控制检刀台 CCD 取相，并分析结果（检测刀柄露出的长度）：正确→继续；不正确→程序终止，并报警。

（6）控制末端执行器主轴收回。

（7）控制检刀台【光源】关闭。

（8）控制检刀台【自动门】关闭。

（9）控制机器人走到初始位置。

末端执行器放刀具体流程如下。

（1）控制机器人走到刀架前安全位置（校验位置）。

（2）根据之前取刀的记录，控制机器人走到对应刀具处（校验位置）。

（3）与 PLC 通信控制主轴进行放刀。

（4）控制机器人回到刀架前安全位置。

（5）如果制孔没有结束，控制机器人走到下一个刀具处进行取刀操作。

（6）如果制孔结束，控制机器人回到初始状态位置。

3.6 本章小结

本章介绍了制孔的软件系统，主要包括集成控制系统、制孔路径规划与位置修正、寻法算法、视觉检测系统、自动换刀及刀具检测系统。对每个子系统或模块的功能进行了详细说明。

参考文献

[1] 付鹏强，蒋银红，王义文，等. CFRP 制孔加工技术的研究进展与发展趋势[J]. 航空材料学报，2019，39（6）：32-45.

[2] 金洁，田威，李波. 一种自动钻铆末端执行器的设计[J]. 中国机械工程，2020，31（13）：1555-1561.

第 4 章

考虑装配空间受限的关节机器人高精度轨迹跟踪神经网络控制

机器人的控制目标主要是使其每个关节具有良好的动态性能，并保证末端执行器能够精确地跟踪期望的轨迹。因此控制目的主要有两个：第一，轨迹跟踪误差趋于零，即闭环误差系统稳定；第二，最大限度抵消建模不确定项和外界干扰的作用，实现鲁棒跟踪控制。若机器人建模精确，不存在外界扰动，则可通过传统的 PID 控制方法解决轨迹跟踪问题。但随着工业化的迅速发展，机器人执行的任务越来越复杂，尤其对于快速运动的机器人，对其控制性能的要求已经发生了质的变化，传统的 PID 控制方法已经不能满足需求。为了实现机器人高性能的跟踪控制，研究各种先进的控制方法是必然趋势。实际工作中的机器人系统，由于外部干扰、不准确的测量和负荷变化过于复杂等因素，在数学建模中通常会忽略不确定项，但是会导致控制系统的品质恶化。因此，为实现机器人的轨迹跟踪控制，保证良好的跟踪性能，必须对不确定项进行补偿。

机器人控制系统中存在不确定项的原因可归纳为如下几点：

（1）信号的检测误差、外部环境干扰、执行机构死区问题以及负载变化等不确定因素。

（2）机器人连杆的长度、质量以及负载等物理参数的不确定或者具有一定的测量误差，即参数不确定性。

（3）关节之间的摩擦、驱动装置的动力学特性以及传动装置的死区特性等原因引起的高频或者低频未建模动态，即非参数不确定性。

为了研发高性能的控制系统，具有外界干扰和建模误差等不确定因素的机器人一直是控制领域的研究热点。在控制系统设计中，鲁棒控制策略不仅考虑机器人系统的标称模型，而且综合考虑外界干扰和建模误差等因素的影响。文献[1]提出了一种基于李雅普诺夫函数的鲁棒跟踪控制器，该控制器可以使得机器人控制系统满足全局一致最终有界、全局指数稳定和全局渐近稳定。文献[2]提出了一种基于鲁棒控制的刚性机器人轨迹跟踪方法，仿真实验验证了该方法具有很好的鲁棒性。鲁棒控制具有补偿未建模动态和抑制外界未知干扰的优点，但是没有学习能力。为了使控制器具有一定的学习能力，国外学者于 20 世纪 70 年代首次将自适应技术应用到机器人控制系统。自适应技术是在控制过程中不断识别被控对象的信息，并与系统期望的性能和状态相比较，从而在线估计系统中的未知参数，利用估计值更新控制策略，消除系统中不确定项的影响，保证控制系统达到期望的最优状态。文献[3]针对模型参数未知的机器人轨迹跟踪问题，提出了状态反馈、输出反馈控制策略，仿真结果表明这两种方法均可以迫使机器人跟踪期望的轨迹，并且具有理想的收敛性。文献[4]针对轮式移动机器人轨迹跟踪问题，基于运动学模型提出了一种结构简单、鲁棒性强的自适应轨迹跟踪控制策略，仿真实验验证了该控制策略的有效性。虽然自适应技术在控制过程中有一定的学习能力，但其控制性能取决于参数的辨识精度以及高增益反馈，即控制律的反馈增益越大，参数的辨识精度越高，控制性能也就越好。但由于外界不确定性扰动和未建模动态的特殊性，无法将其线性参数化，使得自适应技术只适用于参数变化较慢的机器人控制。此外，机器人本身是一个复杂耦合的非线性系统，当其与环境交互的时候，为了保护机器人本身和周围环境，需要约束机器人的输出。因此在机器人控制系统分析和设计过程中，要充分考虑各种不确定因素和约束条件对控制系统性能的影响。

　　具有不确定因素的机器人轨迹跟踪控制设计是一个具有挑战性的问题，一直是控制领域研究的热点。神经网络具有很好的自学习能力、良好的容错性能，能够对信息并行处理、分布存储，并具有联想记忆以及强大的自组织能力，其中 RBF 神经网络可以逼近任意复杂的非线性系统，广泛应用于控制领域。与传统的控制方法相比，神经网络控制不依赖被控对象精确的数学模型，并可以很好地抑制外部环境扰动和系统参数摄动，鲁棒性较强。神经网络具有万能逼近性能，通过估计动力系统模型中的不确定项来改善系统的控制性能，在多关节机器人系统中得到了广泛的应用[5, 6]。但是神经网络的结构和参数需要大量的实验来确定，文献[7]通过在线方式确定模糊神经网络的结构和参数，针对 MIMO 非线性系统设计了一种自适应控制器，但算法较为复杂。为提高系统的鲁棒性和跟踪精度，文献[8]针对存在未知参数的不确定非线性系统，提出了一种自适应鲁棒控制器，保证系统全局稳定。文献[9]设计了一种自适应控制策略，利用参数的在线调整消除未建模动态，并利用李雅普诺夫稳定性理论证明系统的渐近稳定性能。近年来，约束环境下的非线性控制研究引起了大量学者的关注，对于多关节机器人常见的约束问题，其解决办法可以采用 BLF 控制方法。文献[10]将受限函数和李雅普诺夫函数结合，应用到非线性系统的约束问题中，在 2009 年提出了 BLF 控制方法，李雅普诺夫函数分析证明了控制系统的稳定性。BLF 的主要特性是：当函数趋于某个限制值时，BLF 的值将趋于无穷。利用这个特性，可以设计合适的控制策略，保证 BLF 有界即可保证目标变量在预设区域内，从而解决非线性系统的约束控制问题。文献[11]针对非严反馈非线性系统，采用模糊逻辑补偿不确定项，利用 BLF

设计了一种自适应控制策略。文献[12]考虑具有约束的多关节机器人空间控制系统，采用 BLF 控制方法，设计了一种自适应神经网络控制器。受以上文献启发，本章针对带有未知模型参数以及外界干扰的多关节机器人系统，设计了一种基于虚拟参数的自适应神经网络控制方法，主要的贡献如下。

（1）与传统的 BLF 控制方法不同，本章在设计过程中引入移位函数处理未知的初始角位置向量，即无论初始角位置向量是否在预设的范围内，本章的控制方法都可以解决系统输出受限问题。

（2）利用 RBF 神经网络的万能逼近特性，估计系统中的不确定项，因此本章的控制方法不需要机器人系统的任何模型参数。为了减少神经网络在线计算量，简化网络的结构，采用虚拟参数方法将需要在线调整的权值参数减少为一个，保证控制方法的高效性，利于工程实现。

（3）利用本章的控制方法可以迫使多关节机器人跟踪期望的轨迹，李雅普诺夫稳定性分析证明了闭环系统中的所有信号都是有界的，对比仿真实验验证了控制方法的有效性和优越性。

■ 4.1　机器人动力学模型以及相关预备知识

4.1.1　机器人动力学模型

无论是控制系统的设计还是对其动态仿真，需要先建立被控对象的数学模型。对于机器人控制系统，解决动力学建模是有必要的。机器人动力学模型包含以下两方面问题。

（1）动力学的正问题：已知控制力矩，计算各个关节的运动轨迹、位移量及其导数，这是机器人动态仿真所用的模型。

（2）动力学的逆问题：已知操纵任务，计算各个关节期望的运动轨迹，然后通过先进控制理论求出各个关节应该施加的力矩，这类动力学模型是研究机器人控制系统的基础。

本章主要针对多关节机器人设计自适应控制方法，完成给定的控制目标，即解决的是动力学的逆问题，本节介绍被控对象的数学模型，并介绍机器人模型的基本特性以及相关的预备知识，为接下来机器人控制系统的设计提供必要的理论支持。为描述多关节机器人动力学模型的复杂性，先考虑如图 4.1 所示的两关节机械臂系统，图中，m_1 和 m_2 分别表示两个关节的质量，l_1 和 l_2 分别表示两个机械臂的长度，q_1 和 q_2 分别表示两个关节的转动角度。

建立机械系统动力学模型的方法有很多，但所建立起来的方程具有等价性，只是表达形式有所不同。由于拉格朗日法仅仅需要计算系统的动能和势能，根据能量建立起来的方程具有解析解，有利于机械系统的分析和设计，因此拉格朗日法获得广泛应用。

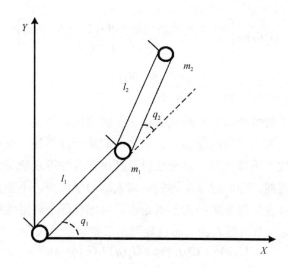

图 4.1　两关节机械臂系统

由机械系统的总动能 K 与总势能 P 可得拉格朗日函数 L：

$$L = K - P \tag{4.1}$$

$$\frac{\mathrm{d}}{\mathrm{d}t}\frac{\partial L}{\partial \dot{q}} - \frac{\partial L}{\partial q} = T \tag{4.2}$$

式中，q 为机械系统的动能和势能坐标位置变量；$\dot{q}$ 为动能和势能速度变量；T 为作用于机械系统的广义力向量。

根据拉格朗日方程，可将机器人动力学模型推导过程归纳为如下几步。

（1）计算机器人系统的动能 K 和势能 P：

$$K = K(q, \dot{q}) = \frac{1}{2}\dot{q}^{\mathrm{T}}M(q)\dot{q} = \frac{1}{2}\sum_{i,j}^{n}m_{ij}\dot{q}_i\dot{q}_j, \quad q \in R^2, M(q) \in R^{2\times 2} \tag{4.3}$$

$$P = P(q), \quad P(q) \in R^2 \tag{4.4}$$

式中，$M(q)$ 为对称正定惯性矩阵。

（2）建立拉格朗日方程：

$$\frac{\mathrm{d}}{\mathrm{d}t}\left[\frac{\partial K(q, \dot{q})}{\partial \dot{q}}\right] - \frac{\partial K(q, \dot{q})}{\partial q} + \frac{\partial P(q)}{\partial q} = u \tag{4.5}$$

在不考虑不确定因素的条件下，两关节机械臂系统的数学模型可表示为

$$M(q)\ddot{q} + C(q, \dot{q})\dot{q} + G_g(q) = u \tag{4.6}$$

式中，

$$M(q) = \begin{bmatrix} (m_1 + m_2)l_1^2 + m_2 l_2^2 + 2l_1 l_2 m_2 \cos q_2 & m_2 l_2^2 + l_1 l_2 m_2 \cos q_2 \\ m_2 l_2^2 + l_1 l_2 m_2 \cos q_2 & m_2 l_2^2 \end{bmatrix} \tag{4.7}$$

$$C(q, \dot{q}) = \begin{bmatrix} -m_2 l_1 l_2 \sin q_2 \dot{q}_2 & -m_2 l_1 l_2 \sin q_2 (\dot{q}_1 + \dot{q}_2) \\ m_2 l_1 l_2 \sin q_2 \dot{q}_1 & 0 \end{bmatrix} \tag{4.8}$$

$$G_g(q) = \begin{bmatrix} (m_1 + m_2) l_1 g \cos q_1 + m_2 l_2 g \cos(q_1 + q_2) \\ m_2 l_2 g \cos(q_1 + q_2) \end{bmatrix} \qquad (4.9)$$

$$u = \begin{bmatrix} u_1 & u_2 \end{bmatrix}^{\mathrm{T}} \qquad (4.10)$$

式中，u 为作用于两个关节上的控制力矩。

在工业中应用的机器人不可避免会存在负载变化、摩擦等不确定性扰动的影响，而且随着机器人关节数的增加，关节之间的耦合性变强，使得机器人的数学模型具有强耦合性、不确定性、时变性以及高度非线性等复杂动力学特性，为机器人的控制带来挑战。因此对于实际的机器人动力学模型，不能只考虑参数已知的标称模型，同时也应包含系统的不确定性。考虑外部不确定性扰动和关节之间摩擦的情况下，n 关节机器人的动态性能可由二阶非线性微分方程描述：

$$M(q)\ddot{q} + C(q,\dot{q})\dot{q} + G_g(q) + G_\tau(\dot{q}) = u \qquad (4.11)$$

式中，$q \in R^n$ 为关节角位置状态向量；$\dot{q} \in R^n$ 为关节角速度状态向量；$\ddot{q} \in R^n$ 为关节角加速度状态向量；$M(q) \in R^{n \times n}$ 为对称正定惯性矩阵；$C(q,\dot{q}) \in R^{n \times n}$ 为离心力和科里奥利力矩阵；$G_g(q) \in R^n$ 为重力向量；$G_\tau(\dot{q}) \in R^n$ 为外部不确定性扰动和关节之间摩擦的向量；u 为作用于关节上的控制力矩。由于实际应用中的工业机器人不可避免会存在负载变化、外界环节干扰等影响，因此本章控制律设计过程考虑 $M(q)$、$C(q,\dot{q})$、$G_g(q)$ 和 $G_\tau(\dot{q})$ 是未知的情况。

对于式（4.11）描述的多关节机器人系统，具有如下性质[13]。

性质 4.1　$\dot{M}(q) - 2C(q,\dot{q})$ 是斜对称矩阵，即如下关系成立：

$$x^{\mathrm{T}} \left(\dot{M}(q) - 2C(q,\dot{q}) \right) x = 0, \forall x, q, \dot{q} \in R^n \qquad (4.12)$$

本章的控制目标可总结为如下两个方面：

（1）关节角位置向量 q 以尽可能小的误差跟踪期望的轨迹向量 $q_d(t) = [q_{d1}, q_{d2}, \cdots, q_{dn}]$，即 $\lim\limits_{t \to \infty} z_{1i} = |q_{1i} - q_{di}| \leqslant \varepsilon_i$，$\varepsilon_i > 0 (i = 1,2,\cdots,n)$ 是较小的数，并且闭环系统中的所有信号都是有界的。

（2）在未知初始跟踪误差的条件下，关节角位置范数在时间 T_0 后满足 $\|q\| < k_c$ 限制，k_c 为受限的装配空间所决定的正常数。

假设 4.1　期望的轨迹向量 $q_d(t)$ 是足够光滑并且有界的，满足

$$\|q_d\| < Q_d < k_c \qquad (4.13)$$

式中，Q_d 为已知的正常数。期望的轨迹向量的导数 $\dot{q}_d(t)$ 和 $\ddot{q}_d(t)$ 是已知有界的。

本章的控制方法适用于初始角位置向量 q 超出限制的情况，通过设计的控制力矩 u 使得关节角位置范数在时间 T_0 后满足 $\|q\| < k_c$ 限制。假设 4.1 是保证关节角位置向量满足限制所必要的条件。

4.1.2　移位函数

受文献[14]的启发，定义如下移位函数处理未知的初始角位置向量：

$$\mu(t)=\begin{cases}1-\left(\dfrac{T-t}{T}\right)^{3}, & t\in[0,T)\\ 1, & t\in[T,\infty)\end{cases} \tag{4.14}$$

式中，$0<T\leqslant T_0$。时间 T_0 可由实际情况决定，为了满足系统安全或者可靠性的需求，关节角位置范数在时间 T_0 后满足 $\|q\|<k_c$ 限制。因此，时间 T 应该选择为 $0<T\leqslant T_0$。同时，时间 T 必须大于信号通信和信号处理的最小时间间隔。值得注意的是，在控制系统运行的初始阶段，时间 T 较小时控制信号较大，从而获得误差信号的快速收敛。因此，在控制器参数设计过程中，要适当地平衡快速性和控制输出能量的关系。

以下引理描述位移函数的特性。

引理 4.1[14]　移位函数（4.14）具有如下特性：

（1）$\mu(t)$ 在 $t\in[0,T)$ 上是严格递增的，$\mu(0)=0$ 和对于 $t\geqslant 0$，$\mu(t)\in[0,1]$。

（2）$\mu(t)$ 在 $t=T$ 时获得最大值 1，并且对于 $t\geqslant T$，$\mu(t)=1$。

（3）$\mu(t)\in C^2$，$\dot{\mu}(t)$ 和 $\ddot{\mu}(t)$ 是已知并且有界的。

证明　根据式（4.14）可得

$$\lim_{t\to T^-}\mu(t)=\lim_{t\to T^-}\left[1-\left(\frac{T-t}{T}\right)^{3}\right]=1$$
$$\lim_{t\to T^+}\mu(t)=\mu(T)=1 \tag{4.15}$$

由上式可知，函数 $\mu(t)$ 对于 $t\geqslant 0$ 是连续的。根据导数的定义有

$$\dot{\mu}(T)=\lim_{t\to T}\frac{\mu(t)-\mu(T)}{t-T}$$

$$\dot{\mu}_-(T)=\lim_{t\to T^-}\frac{1-\left(\dfrac{T-t}{T}\right)^{3}-1}{t-T}=\lim_{t\to T^-}\frac{(T-t)^{2}}{T^{3}}=0 \tag{4.16}$$

$$\dot{\mu}_+(T)=\lim_{t\to T^+}\frac{1-1}{t-T}=0$$

可知函数 $\mu(t)$ 在 $t=T$ 时导数存在。对函数 $\mu(t)$ 取时间导数有

$$\dot{\mu}(t)=\begin{cases}\dfrac{3(T-t)^{2}}{T^{3}}, & t\in[0,T)\\ 0, & t\in[T,\infty)\end{cases} \tag{4.17}$$

根据式（4.17）可知，对于 $t\in[0,T)$，$\dot{\mu}(t)>0$，可得 $\mu(t)$ 在 $t\in[0,T)$ 上是严格递增的。由 $\mu(0)=0$ 和 $\mu(T)=1$ 可知，对于 $t\geqslant 0$，$\mu(t)\in[0,1]$。

由式（4.16）和式（4.17）可知，$\dot{\mu}(t)$ 在 $t \geq 0$ 上是连续的。由于 $\dot{\mu}(0) = 3/T$，可得 $\dot{\mu}(t)$ 在 $t \geq 0$ 上是有界的。接下来考虑函数 $\ddot{\mu}(t)$ 的连续性与有界性，根据导数定义有

$$\ddot{\mu}(T) = \lim_{t \to T} \frac{\dot{\mu}(t) - \dot{\mu}(T)}{t - T}$$

$$\ddot{\mu}_-(T) = \lim_{t \to T^-} \frac{\dfrac{3(T-t)^2}{T^3} - 0}{t - T} = 0 \tag{4.18}$$

$$\ddot{\mu}_+(T) = \lim_{t \to T^+} \frac{0}{t - T} = 0$$

可知函数 $\ddot{\mu}(t)$ 在 $t = T$ 时导数存在。对 $\mu(t)$ 取时间的二阶导数有

$$\ddot{\mu}(t) = \begin{cases} -\dfrac{6(T-t)}{T^3}, & t \in [0, T) \\ 0, & t \in [T, \infty) \end{cases} \tag{4.19}$$

由式（4.18）和式（4.19）可知，$\ddot{\mu}(t)$ 在 $t \geq 0$ 上是连续的。由于 $\ddot{\mu}(0) = -6/T^2$，可得 $\ddot{\mu}(t)$ 在 $t \geq 0$ 上是有界的，引理 4.1 得证。

从引理 4.1 可以发现，$\mu(0) = 0$ 和对于 $t \geq T$，$\mu(t) = 1$。将任何有界的信号与 $\mu(t)$ 相乘，在 $t = 0$ 时，其结果都为零；在 $t \geq T$ 时，其结果恢复到原信号。

4.1.3　RBF 神经网络

RBF 神经网络的网络连接方式为前向型，具有良好的逼近能力，在权值的训练过程中与 BP 神经网络十分相似。BP 神经网络与 RBF 神经网络的不同之处主要是激励函数的差别，BP 神经网络采用 S 型函数作为激励函数，其输入空间的较大范围所对应的输出值是非零的，因此 BP 神经网络为全局逼近的神经网络，但是学习速度慢、效率低；而 RBF 神经网络在隐含层使用的是高斯基函数，高斯基函数的特点是仅在较小的输入范围内所对应的输出值是非零的，可见 RBF 神经网络本质上是一种局部逼近的神经网络，在一定程度上克服了 BP 神经网络的不足。本章将采用 RBF 神经网络对机器人动力学系统中的不确定项进行逼近，其表达式如下：

$$F_{nn} = \omega^{\mathrm{T}} \varphi(Z) \tag{4.20}$$

式中，$Z \in R^{4n}$ 为神经网络的输入向量；$\omega \in R^{s \times n}$ 为理想的权值矩阵；$\varphi(Z)$ 为有界的基函数向量。ω 和 $\varphi(Z)$ 可表示为

$$\omega = \begin{bmatrix} \omega_{11} & \omega_{12} & \cdots & \omega_{1n} \\ \omega_{21} & \omega_{22} & \cdots & \omega_{2n} \\ \vdots & \vdots & & \vdots \\ \omega_{s1} & \omega_{s2} & \cdots & \omega_{sn} \end{bmatrix}, \quad \varphi(Z) = \begin{bmatrix} \varphi_1(Z) \\ \varphi_2(Z) \\ \vdots \\ \varphi_s(Z) \end{bmatrix} \tag{4.21}$$

式中，高斯基函数的表达式为

$$\varphi_j(Z) = \exp\left(\frac{\|Z - c_j\|}{2b_j^2}\right), \quad j = 1, 2, \cdots, s \tag{4.22}$$

式中，s 为 RBF 神经网络的节点个数；b_j 为第 j 个节点的高斯基宽度；c_j 为第 j 个节点的中心向量，它们都是正常数。

根据式（4.22）可得，高斯基为正态分布函数，当神经网络的输入 Z 与中心向量 c_j 的距离越远时，高斯基函数 $\varphi_j(Z)$ 取值也就越小。当输入 Z 等于中心向量 c_j 时，高斯函数 $\varphi_j(Z)$ 取值最大。而当输入 Z 与中心向量 c_j 距离 $\|Z - c_j\| \to \infty$ 时，高斯函数 $\varphi_j(Z) \to 0$。

RBF 神经网络因其具有万能逼近特性而在控制系统设计中广泛应用，主要体现为：只需选择足够多的神经网络节点且合理安排相应的中心向量，RBF 神经网络就可以在输入向量的紧集范围内以任意精度逼近任意光滑函数。若用 RBF 神经网络逼近机器人系统中的未知非线性动态 $f(Z)$，即

$$f(Z) = \omega^{\mathrm{T}}\varphi(Z) + \varepsilon(Z) \tag{4.23}$$

式中，$\varepsilon(Z)$ 为估计误差，并且满足 $\|\varepsilon(Z)\| \leqslant \bar{\varepsilon} < \infty$，$\bar{\varepsilon}$ 是一个很小的未知常数。

■ 4.2　控制方法设计和稳定性分析

4.2.1　控制方法设计

为了利用反步设计方法，定义如下的坐标变换：

$$z_1 = q - q_d \tag{4.24}$$
$$z_2 = \dot{q} - \alpha_1 \tag{4.25}$$

式中，α_1 为虚拟控制变量；z_1 为跟踪误差；z_2 为反步设计过程中的中间变量；q 为关节角位置状态向量；q_d 为期望的轨迹向量。

为处理未知的初始角位置向量，定义变换：

$$\xi_1 = \begin{cases} 0, & t = 0 \\ \mu z_1, & t \in [0, T) \\ z_1, & t \in [T, \infty) \end{cases} \tag{4.26}$$

利用变换式（4.26）可以将未知有界的误差变量 z_1 转换为一个新的变量 ξ_1，ξ_1 的初始值为 0。在 $t \geqslant T$ 时，ξ_1 恢复为 z_1。接下来设计虚拟控制变量 α_1 和实际的控制力矩 u。

第一步：考虑坐标变换式（4.24）～式（4.26），ξ_1 的时间导数为

$$\dot{\xi}_1 = \dot{\mu}z_1 + \mu(\dot{q} - \dot{q}_d)$$
$$= \dot{\mu}z_1 + \mu(\alpha_1 + z_2 - \dot{q}_d) \tag{4.27}$$

为了处理输出限制，定义障碍李雅普诺夫函数 V_1：

$$V_1 = \frac{1}{2}\log\frac{k_a^2}{k_a^2 - \xi_1^{\mathrm{T}}\xi_1} \tag{4.28}$$

为了满足 $\|q\| < k_c$（k_c 为正常数）限制，k_a 根据下式选择：

$$k_a = k_c - Q_d \tag{4.29}$$

由于 $\xi_1(0) = 0$，故 $\|\xi_1(0)\| < k_a$。对 V_1 取时间导数得

$$\dot{V}_1 = M\xi_1^{\mathrm{T}}\dot{\xi}_1$$
$$= M\xi_1^{\mathrm{T}}(\dot{\mu}z_1 + \mu\alpha_1 + \mu z_2 - \mu\dot{q}_d) \tag{4.30}$$

式中，$M = 1/(k_a^2 - \xi_1^{\mathrm{T}}\xi_1)$。根据杨氏不等式有

$$M\xi_1^{\mathrm{T}}\dot{\mu}z_1 \leqslant \tau_1 M^2\xi_1^{\mathrm{T}}\mu z_1\dot{\mu}^2 z_1^{\mathrm{T}}z_1 + \frac{1}{4\tau_1} \tag{4.31}$$

式中，$\tau_1 > 0$ 为设计参数。

将式（4.31）代入 $\dot{V}_1$ 得

$$\dot{V}_1 \leqslant M\mu\xi_1^{\mathrm{T}}(\alpha_1 + z_2 - \dot{q}_d + \tau_1 M z_1\dot{\mu}^2 z_1^{\mathrm{T}}z_1) + \frac{1}{4\tau_1} \tag{4.32}$$

设计虚拟控制律 α_1：

$$\alpha_1 = -c_1 z_1 + \dot{q}_d - \tau_1 M z_1\dot{\mu}^2 z_1^{\mathrm{T}}z_1 \tag{4.33}$$

式中，$c_1 > 0$ 为设计参数。将虚拟控制律 α_1 代入 $\dot{V}_1$ 得

$$\dot{V}_1 \leqslant -c_1 M\xi_1^{\mathrm{T}}\xi_1 + M\mu\xi_1^{\mathrm{T}}z_2 + \frac{1}{4\tau_1} \tag{4.34}$$

第二步：对 z_2 取时间导数并考虑式（4.11）得

$$\dot{z}_2 = M^{-1}(q)\big[u - C(q,\dot{q})\dot{q} - G_g(q) - G_\tau(\dot{q})\big] - \dot{\alpha}_1 \tag{4.35}$$

定义李雅普诺夫函数 V_2：

$$V_2 = V_1 + \frac{1}{2}z_2^{\mathrm{T}}M(q)z_2 \tag{4.36}$$

对 V_2 取时间导数得

$$\dot{V}_2 \leqslant -c_1 M\xi_1^{\mathrm{T}}\xi_1 + z_2^{\mathrm{T}}[u - C(q,\dot{q})\dot{q} - G_g(q) - G_\tau(\dot{q}) + M\mu\xi_1 - M(q)\dot{\alpha}_1]$$
$$+ \frac{1}{2}z_2^{\mathrm{T}}\dot{M}(q)z_2 + \frac{1}{4\tau_1} \tag{4.37}$$

考虑性质 4.1 有

$$\dot{V}_2 \leqslant -c_1 M\xi_1^{\mathrm{T}}\xi_1 + z_2^{\mathrm{T}}[u - C(q,\dot{q})\alpha_1 - G_g(q) - G_\tau(\dot{q})$$
$$+ M\mu\xi_1 - M(q)\dot{\alpha}_1] + \frac{1}{4\tau_1} \tag{4.38}$$

在控制律设计过程中，未知的非线性向量函数 $-C(q,\dot{q})\alpha_1 - G_g(q) - G_\tau(\dot{q}) - M(q)\dot{\alpha}_1$ 通过 RBF 神经网络来估计：

$$-C(q,\dot{q})\alpha_1 - G_g(q) - G_\tau(\dot{q}) - M(q)\dot{\alpha}_1 = \omega^{\mathrm{T}}\varphi(Z) + \varepsilon(Z) \tag{4.39}$$

式中，$Z = [q^{\mathrm{T}}\quad \dot{q}^{\mathrm{T}}\quad \alpha_1^{\mathrm{T}}\quad \dot{\alpha}_1^{\mathrm{T}}]^{\mathrm{T}} \in R^{4n}$ 为可以得到的激励函数向量；$\omega \in R^{s \times n}$ 为理想的权值矩阵；$\varphi(Z)$ 为有界的基函数向量；$\varepsilon(Z)$ 为估计误差，并且满足 $\|\varepsilon(Z)\| \leqslant \bar{\varepsilon} < \infty$，$\bar{\varepsilon}$ 为一个很小的未知常数。将式（4.39）代入式（4.38）有

$$\dot{V}_2 \leqslant -c_1 M \xi_1^{\mathrm{T}}\xi_1 + z_2^{\mathrm{T}}[u + M\mu\xi_1 + \omega^{\mathrm{T}}\varphi(Z) + \varepsilon(Z)] + \frac{1}{4\tau_1} \tag{4.40}$$

为了简化在线计算过程，利用杨氏不等式得

$$z_2^{\mathrm{T}}\omega^{\mathrm{T}}\varphi(Z) \leqslant \tau_2\|z_2\|^2\|\omega\|^2\|\varphi(Z)\|^2 + \frac{1}{4\tau_2} \tag{4.41}$$

$$z_2^{\mathrm{T}}\varepsilon(Z) \leqslant \tau_2\|z_2\|^2\bar{\varepsilon}^2 + \frac{1}{4\tau_2} \tag{4.42}$$

式中，$\tau_2 > 0$ 为设计参数。

利用虚拟参数的思想得

$$z_2^{\mathrm{T}}\left[\omega^{\mathrm{T}}\varphi(Z) + \varepsilon(Z)\right] \leqslant \tau_2 A\|z_2\|^2 \Phi + \frac{1}{2\tau_2} \tag{4.43}$$

式中，$A = \max\{\|\omega\|^2, \bar{\varepsilon}^2\}$ 为需要估计的虚拟参数；$\Phi = \|\varphi(Z)\|^2 + 1 > 0$。将式（4.43）代入式（4.40）得

$$\dot{V}_2 \leqslant -c_1 M \xi_1^{\mathrm{T}}\xi_1 + z_2^{\mathrm{T}}\left(u + M\mu\xi_1 + \tau_2 A z_2 \Phi\right) + \frac{1}{4\tau_1} + \frac{1}{2\tau_2} \tag{4.44}$$

设计实际的控制律和虚拟参数自适应律为

$$u = u_c + u_{\mathrm{nn}} \tag{4.45}$$

$$\dot{\hat{A}} = r_A \Phi\|z_2\|^2 - \sigma_A \hat{A}, \quad \hat{A}(0) = 0 \tag{4.46}$$

式中，$\hat{A}$ 为虚拟参数 A 的估计值；u_c 为补偿项，表达式为

$$u_c = -c_2 z_2 - M\mu\xi_1 \tag{4.47}$$

其中，$c_2 > 0$ 为设计参数；u_{nn} 为神经网络估计项，表达式为

$$u_{\mathrm{nn}} = -\tau_2 \hat{A} z_2 \Phi \tag{4.48}$$

4.2.2　稳定性分析

定理 4.1　针对带有不确定动力学模型以及外部扰动的 n 关节机器人操纵系统（4.11），在控制律（4.45）和虚拟参数自适应律（4.46）作用下，可以完成控制目标（1）和（2）的要求。

证明　将控制律（4.45）代入式（4.44）得

$$\dot{V}_2 \leqslant -c_1 M \xi_1^{\mathrm{T}}\xi_1 - c_2 z_2^{\mathrm{T}}z_2 + \tau_2 \tilde{A} z_2 \Phi + \frac{1}{4\tau_1} + \frac{1}{2\tau_2} \tag{4.49}$$

为保证闭环系统稳定，设计整体李雅普诺夫函数 V：

$$V = V_1 + V_2 + \frac{\lambda_A}{2r_A}\tilde{A}^2 \tag{4.50}$$

式中，$\tilde{A} = A - \hat{A}$。对 V 取时间导数为

$$\dot{V} \leqslant -c_1 M\xi_1^T\xi_1 - c_2 z_2^T z_2 + \frac{\lambda_A\sigma_A}{r_A}\tilde{A}\hat{A} + \frac{1}{4\tau_1} + \frac{1}{2\tau_2} \tag{4.51}$$

根据杨氏不等式得

$$\frac{\lambda_A\sigma_A}{r_A}\tilde{A}\hat{A} \leqslant -\frac{\lambda_A\sigma_A}{2r_A}\tilde{A}^2 + \frac{\lambda_A\sigma_A}{2r_A}A^2 \tag{4.52}$$

当 $\|\xi_1\| < k_a$ 时，以下不等式成立：

$$-c_1 M\xi_1^T\xi_1 \leqslant -c_1\log\frac{k_a^2}{k_a^2 - \xi_1^T\xi_1} \tag{4.53}$$

将式（4.52）和式（4.53）代入式（4.51）得

$$\dot{V} \leqslant -c_1\log\frac{k_a^2}{k_a^2 - \xi_1^T\xi_1} - c_2 z_2^T z_2 - \frac{\lambda_A\sigma_A}{2r_A}\tilde{A}^2 + \frac{1}{4\tau_1} + \frac{1}{2\tau_2} + \frac{\lambda_A\sigma_A}{2r_A}A^2$$

$$\leqslant -\rho V + \Theta \tag{4.54}$$

式中，$\rho = \min\{2c_1, 2c_2, \sigma_A\} > 0$；$\Theta = [1/(4\tau_1)] + [1/(2\tau_2)] + [\lambda_A\sigma_A/(2r_A)]A^2 > 0$。由于 V 是连续的，利用比较引理[15]得

$$0 \leqslant V(t) \leqslant \frac{\Theta}{\rho}(1 - e^{-\rho t}) + V(0)e^{-\rho t} \tag{4.55}$$

根据式（4.55）得到 $V \in l_\infty$，由 V 的定义得到 $\|\xi_1\| < k_a$，$z_2 \in l_\infty$ 和 $\tilde{A} \in l_\infty$。根据 $\mu(t)$ 的特性，可得对于 $0 < t < T$，$z_1 \in l_\infty$ 和对于 $t \geqslant T$，$\|z_1\| < k_a$。由于 $\dot{q}_d \in l_\infty$，$\dot{\mu} \in l_\infty$，得 $\alpha_1 \in l_\infty$，进一步得到控制力矩 $u \in l_\infty$。故闭环系统中的所有信号都是有界的。

由于 $z_1 = q - q_d$ 和对于 $t \geqslant T$，$\|z_1\| < k_a$，得到对于 $t \geqslant T_0$，限制 $\|q\| < k_c$ 是满足的。定理 4.1 证明完毕。

控制方法的设计过程可以总结如下几个步骤：

（1）针对 n 关节机器人操纵系统（4.11），检查假设 4.1。如果假设 4.1 条件满足，可得到边界常数 Q_d、k_c、k_a 和时间常数 T_0。

（2）设计带有合适 T 的位移函数 $\mu(t)$，根据式（4.24）～式（4.26）得到转换的状态。

（3）利用反步设计法设计虚拟控制变量 α_1［式（4.33）］，根据虚拟参数法设计参数自适应律 $\hat{A}$［式（4.46）］，最后构造实际的控制律 u［式（4.25）］。

■ 4.3　仿真实验

为考察所设计控制方法的有效性，在 MATLAB 仿真平台进行验证。尽管一般的工业机器人有六个自由度，但是关节 3、4 和关节 5、6 与关节 1、2 是完全解耦

的，而关节 1、2 之间是具有耦合关系的，因此对关节 1、2 进行分析与仿真研究。机器人的动力学模型已经在式（4.6）给出，根据文献[16]对机器人动力学参数的描述，将其转换为

$$M(q,p)\ddot{q} + C(q,\dot{q},p)\dot{q} + G_g(q,p) + G_\tau(\dot{q},\theta,t) = u \tag{4.56}$$

式中，

$$M(q,p) = \begin{bmatrix} p_1 + p_2 + 2p_3\cos(q_2) & p_2 + p_3\cos(q_2) \\ p_2 + p_3\cos(q_2) & p_2 \end{bmatrix} \tag{4.57}$$

$$C(q,\dot{q},p) = \begin{bmatrix} -p_3\sin q_2\dot{q}_2 & -p_3\sin q_2(\dot{q}_1 + \dot{q}_2) \\ p_3\sin q_2\dot{q}_1 & 0 \end{bmatrix} \tag{4.58}$$

$$G_g(q,p) = \begin{bmatrix} p_4 g\cos q_1 + p_5 g\cos(q_1 + q_2) \\ p_5 g\cos(q_1 + q_2) \end{bmatrix} \tag{4.59}$$

$$G_\tau(\dot{q},\theta,t) = \theta_1\big[\tanh(\theta_2\dot{q}) - \tanh(\theta_3\dot{q})\big] + \theta_4\tanh(\dot{q}) + \big[\sin(t) \quad \sin(t)\big]^T \tag{4.60}$$

式中，$p_1 = (m_1 + m_2)l_1^2$；$p_2 = m_2 l_2^2$；$p_3 = l_1 l_2 m_2$；$p_4 = (m_1 + m_2)l_1$；$p_5 = m_2 l_2$。在 MATLAB 仿真中，未知的系统参数根据文献[16]可选择如表 4.1 所示。

表 4.1　机器人系统参数

参数	值	参数	值
p_1	2.9	θ_1	0.5
p_2	0.76	θ_2	0.6
p_3	0.87	θ_3	0.8
p_4	3.04	θ_4	0.3
p_5	0.87		

期望的轨迹向量 $q_d(t) = [5\sin(t) \quad 5\sin(t)]^T$，关节角位置向量的初始值 $q(0) = [2 \quad 2]^T$，角速度向量的初始值 $\dot{q}(0) = [0 \quad 0]^T$。设计参数选择为 $T = 4$，$c_1 = 1$，$c_2 = 1.5$，$\tau_1 = 1$，$\tau_2 = 5$，$r_A = 20$，$\sigma_A = 0.01$，RBF 神经网络选择 57 个节点。根据期望的轨迹向量，得到 $Q_d = 5$。考虑机器人的装配空间受限，为了保证 $\|q\| < 6.5$，可得 $k_c = 6.5$，$k_a = 1.5$。为了验证本章设计的控制方法的优越性，与基于模型的方法进行对比，基于模型的方法表达式为

$$u = -c_2 z_2 + C(q,\dot{q})\alpha_1 + G_g(q) - M\mu\xi_1 + M(q)\dot{\alpha}_1 \tag{4.61}$$

式中，设计参数选择为 $c_1 = 1$，$c_2 = 1.5$，$T = 4$。基于模型的控制方法与本章方法的设计过程类似，但是需要机器人精确的模型参数值，为了方便对比，两种方法控制参数值选择是一样的。

4.3.1　标称模型下的轨迹跟踪控制

对于基于模型的方法，机器人模型参数已知，不存在外部不确定性扰动和关节

之间摩擦的向量 $G_\tau(\dot{q})$。但对于神经网络控制，机器人模型参数未知，同样不存在外部不确定性扰动和关节之间摩擦的向量 $G_\tau(\dot{q})$。仿真结果见图 4.2～图 4.8。由于初始位置向量 $q(0)=\begin{bmatrix} 2 & 2 \end{bmatrix}^T$，导致初始位置误差范数 $\|z_1(0)\|^2 > k_a^2$，使得传统的受限控制方法不能应用。为了克服这个问题，本章引入移位函数，从图 4.2～图 4.3 可看出，无论基于模型的方法还是本章设计的方法都可以迫使关节角位置向量 $q(t)$ 跟踪期望的轨迹向量 $q_d(t)$。图 4.4～图 4.5 为两个关节的轨迹跟踪误差曲线，由曲线看出，本章的方法动态性能较好，这是由于神经网络可以克服由移位函数产生的不利影响，保证收敛过程无振荡。图 4.6～图 4.7 为本章所设计方法的两个关节控制信号曲线，由曲线可知，神经网络在控制中具有较大的作用。图 4.8 为虚拟参数的估计曲线。

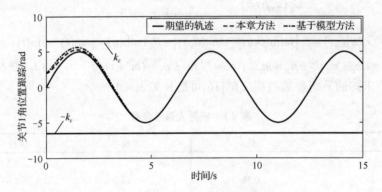

图 4.2　关节 1 角位置轨迹跟踪

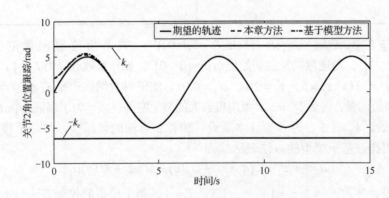

图 4.3　关节 2 角位置轨迹跟踪

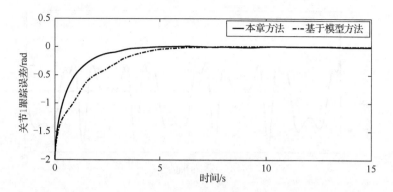

图 4.4　关节 1 角位置轨迹跟踪误差

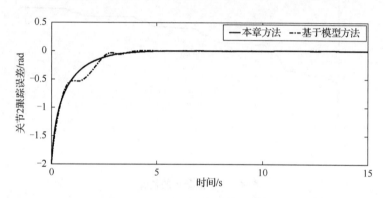

图 4.5　关节 2 角位置轨迹跟踪误差

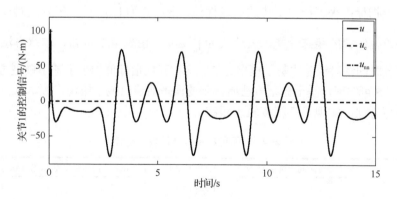

图 4.6　关节 1 的控制信号

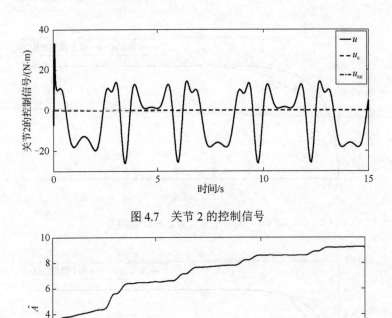

图 4.7   关节 2 的控制信号

图 4.8   虚拟参数的估计值

表 4.2 展示了本章方法和基于模型方法控制性能的比较结果，其中，积分时间绝对误差指标用来评价控制律的快速性能，表达式为 $\int_{0}^{15} t|e|\mathrm{d}t$，积分绝对误差指标用来评价控制律的稳态性能，表达式为 $\int_{0}^{15} |e|\mathrm{d}t$。由表 4.2 可知，本章方法除了关节 2 积分时间绝对误差比基于模型方法稍大，其他指标值均小于基于模型方法，而且由图 4.5 可发现，基于模型方法所得到的误差曲线出现了振荡，故本章方法优于基于模型方法，实现了高精度轨迹跟踪。

表 4.2   两种控制方法的性能比较

方法	关节 1 积分时间绝对误差	关节 1 积分绝对误差	关节 2 积分时间绝对误差	关节 2 积分绝对误差
本章方法	1.95	1.52	1.53	1.46
基于模型方法	3.76	2.62	1.52	1.61

4.3.2   存在不确定项的轨迹跟踪控制

对于基于模型的方法，机器人模型参数已知，存在外部不确定性扰动和关节

之间摩擦的向量 $G_{\tau}(\dot{q})$。但对于神经网络控制，机器人模型参数未知，同样存在外部不确定性扰动和关节之间摩擦的向量 $G_{\tau}(\dot{q})$。仿真结果见图 4.9～图 4.15。从图 4.11 和图 4.12 可以看出，基于模型的方法得到的角位置误差曲线剧烈振荡，而本章方法误差曲线平滑地收敛到零，验证了所提出方法可以应对不确定性扰动的影响，具有较强的鲁棒性，能够实现高精度轨迹跟踪。

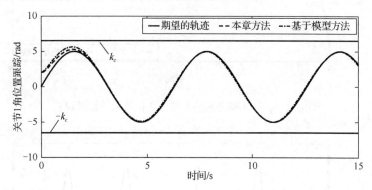

图 4.9　存在不确定项的关节 1 角位置轨迹跟踪

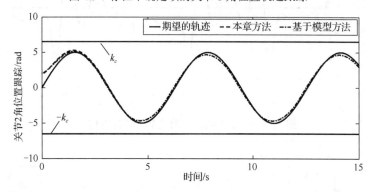

图 4.10　存在不确定项的关节 2 角位置轨迹跟踪

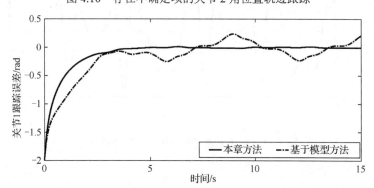

图 4.11　存在不确定项的关节 1 角位置轨迹跟踪误差

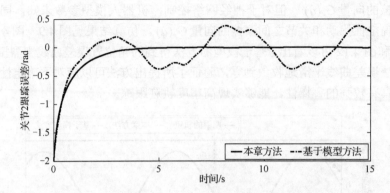

图 4.12　存在不确定项的关节 2 角位置轨迹跟踪误差

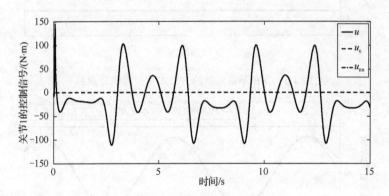

图 4.13　存在不确定项的关节 1 的控制信号

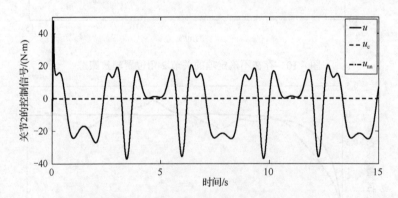

图 4.14　存在不确定项的关节 2 的控制信号

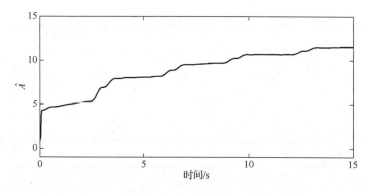

图 4.15 存在不确定项的虚拟参数的估计值

由表 4.3 可知,本章方法所对应的积分时间绝对误差和积分绝对误差均小于基于模型方法,故本章方法的控制性能优于基于模型方法。

表 4.3 存在不确定项的两种控制方法的性能比较

方法	关节 1 积分时间绝对误差	关节 1 积分绝对误差	关节 2 积分时间绝对误差	关节 2 积分绝对误差
本章方法	2.05	1.53	1.56	1.47
基于模型方法	13.43	3.45	27.11	4

4.3.3 模型参数未知且存在不确定项的轨迹跟踪控制

对于基于模型的方法,机器人模型参数未知,存在外部不确定性扰动和关节之间摩擦的向量 $G_\tau(\dot{q})$。但对于神经网络控制,和 4.3.2 节的情况一致,故在此小节省略了关节控制信号及虚拟参数估计值的仿真结果,其他仿真结果见图 4.16~图 4.21。从图可以看出,在模型参数未知且存在外界扰动的情况下,基于模型的方法得到的两个角位置偏差振荡较大,控制信号已经出现了奇异值,不能实现关节角位置的轨迹跟踪。而本章方法依然可以保证轨迹跟踪。再一次验证了本章方法可以应对未知的模型参数和不确定性扰动的影响,具有较强的鲁棒性。

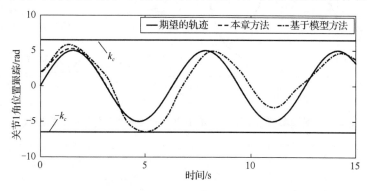

图 4.16 模型参数未知且存在不确定项的关节 1 角位置轨迹跟踪

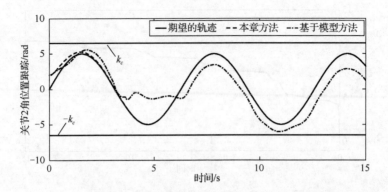

图 4.17　模型参数未知且存在不确定项的关节 2 角位置轨迹跟踪

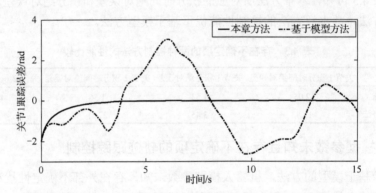

图 4.18　模型参数未知且存在不确定项的关节 1 角位置轨迹跟踪误差

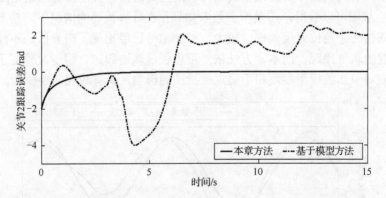

图 4.19　模型参数未知且存在不确定项的关节 2 角位置轨迹跟踪误差

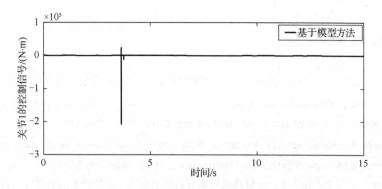

图 4.20　模型参数未知且存在不确定项的关节 1 的控制信号

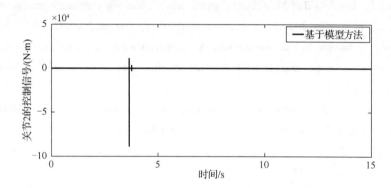

图 4.21　模型参数未知且存在不确定项的关节 2 的控制信号

4.4　本章小结

本章针对带有未知模型参数以及外界干扰的多关节机器人系统，设计了一种基于虚拟参数的自适应神经网络控制方法，设计过程引入移位函数处理未知的初始角位置向量，即无论初始角位置向量是否在预设的范围内，本章方法都可以解决系统输出受限问题，利用 RBF 神经网络的万能逼近特性，估计系统中的不确定项，为了减少神经网络在线计算量，采用虚拟参数方法将需要在线调整的权值参数减少为一个，保证控制方法的高效性，李雅普诺夫稳定性分析证明了闭环系统中的所有信号都是有界的，对比仿真实验验证了控制方法的有效性和优越性。

■ 参考文献

[1] 温金环, 王红. 一类不确定性机器人的鲁棒跟踪控制[J]. 工程数学学报, 2004, 21(4): 531-536.

[2] Zuo Y, Wang Y N, Liu X Z, et al. Neural network robust tracking control strategy for robot manipulator[J]. Applied Mathematical Modeling, 2010, 34(7):1823-1838.

[3] Colbaugh R, Glass K, Seraji H. Adaptive tracking control of manipulators: theory and experiments[J]. Robotics and Computer-Integrated Manufacturing, 1996, 12(3): 208-216.

[4] 李昆鹏, 王孙安, 郭子龙. 一种移动机器人自适应轨迹跟踪控制算法研究[J]. 系统仿真学报, 2008, 20 (10): 2575-2583.

[5] Cheng L, Hou Z G, Tan M. Adaptive neural network tracking control for manipulators with uncertain kinematics, dynamics and actuator model[J]. Automatica, 2009, 45(10):2312-2318.

[6] Wai R J, Muthusamy R. Fuzzy-neural-network inherited sliding-mode control for robot manipulator including actuator dynamics[J]. IEEE Transactions on Neural Networks and Leaning Systems, 2013, 24(2):274-287.

[7] Gao Y, Joo M. Online adaptive fuzzy neural identification and control of a class of MIMO nonlinear systems[J]. IEEE Transactions on Fuzzy Systems, 2003, 11(4):462-476.

[8] Yao B, Tomizuka M. Adaptive robust control of SISO nonlinear systems in a semi-strict feedback form[J]. Automatica, 1997, 33(5):893-900.

[9] Li Z J, Zhang Y N. Robust adaptive motion/force control for wheeled inverted pendulums[J]. Automatica, 2010, 46(8):1346-1353.

[10] Tee K P, Ge S S, Tay E H. Barrier Lyapunov functions for the control of output-constrained nonlinear systems[J]. Automatica, 2009, 45(4):918-927.

[11] Zhou Q, Wang L J, Wu C W, et al. Adaptive fuzzy control for nonstrict-feedback systems with input saturation and output constraint[J]. IEEE Transactions on Systems, Man, and Cybernetics: Systems, 2017, 47(1):1-12.

[12] He W, Chen Y H, Yin Z. Adaptive neural network control of an uncertain robot with full-state constraints[J]. IEEE Transactions on Cybernetics, 2016, 46(3):620-629.

[13] Ortega R, Perez J A L, Nicklasson P J, et al. Passivity-Based Control of Euler-Lagrange Systems: Mechanical, Electrical and Electromechanical Applications[M]. London: Springer, 1998.

[14] Song Y D, Zhou S. Tracking control of uncertain nonlinear systems with deferred asymmetric time-varying full state constraints[J]. Automatica, 2018, 98:314-322.

[15] Khalil H K. Nonlinear Systems[M]. Upper Saddle River, NJ: Prentice-Hall, 2002.

[16] Zhao K, Song Y D. Neuroadaptive robotic control under time-varying asymmetric motion constraints:a feasibility-condition-free approach[J]. IEEE Transactions on Cybernetics, 2020, 50(1): 15-24.

第5章

机器人钻孔机理及试验

针对某空间紧凑型装配部件制孔需求，结合生产线工位布局和装配件空间结构特点，将已开发的制孔末端执行器与工业机器人组成自动制孔系统实现制孔目标。因该装配部件包括铝合金和 CFRP 等多规格材料，制孔类型为通孔和沉头孔，孔径范围为 2.6～6.1mm，且总数约 1400 个。为了分析制孔工艺参数对制孔质量的影响，并优选工艺参数组合，基于钻孔机理分析，对铝合金叠层材料和铝合金/CFRP 叠层材料开展制孔试验研究。

■ 5.1 钻孔机理分析

钻削加工由钻头绕其轴线的旋转运动与沿其轴线方向的进给运动两部分组成。在两部分运动的综合作用下，钻头的切削刃将工件材料去除，并将切屑沿着螺旋槽排出，从而在工件上加工出孔。钻削过程中主要参数包括切削速度、进给量、背吃刀量（切削深度），又称为钻削三要素，如图 5.1 所示。

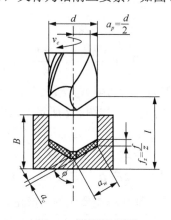

图 5.1 钻削原理图

如图 5.1 所示，钻孔时主切削刃外缘处的线速度，即切削速度，用 v_c(m/min) 表示，可得其表达式如下：

$$v_c = \frac{\pi d n}{1000} \tag{5.1}$$

式中，d 为钻头直径，mm；n 为钻头或工件的转速，r/min。

钻头每转一圈相对于工件的轴向移动量为每转进给量，以 f(mm/r) 表示；钻头转过一个刀齿相对于工件的轴向移动量为每齿进给量以 f_z(mm/齿) 表示，则有

$$f_z = \frac{f}{z} \tag{5.2}$$

式中，z 为钻头齿数，常见规格有 2 齿、3 齿、4 齿等。钻头在单位时间内相对于工件的轴向移动量为进给速度，以 v_f(mm/min) 表示，它们之间的关系如下：

$$v_f = nf = znf_z \tag{5.3}$$

钻孔的背吃刀量是指钻头直径的 1/2，以 a_p(mm) 来表示，其表达式如下：

$$a_p = \frac{1}{2} d \tag{5.4}$$

a_c(mm) 为切削厚度，指垂直于主切削刃在基面投影方向上测量的切削层尺寸；a_w(mm) 为切削宽度，指在基面内沿主切削刃测量的切削层尺寸。其表达式分别如下：

$$\begin{cases} a_c \approx f_z \sin\phi = \dfrac{f}{z}\sin\phi \\ a_w \approx \dfrac{d}{2\sin\phi} \end{cases} \tag{5.5}$$

以 A_{cz}(mm^2) 表示每个刀齿切下的切削层面积即切削面积，其关系式可近似写为

$$A_{cz} \approx a_c \cdot a_w = f_z a_p = \frac{fd}{2z} \tag{5.6}$$

以 Q(mm^3/min) 表示材料去除率，则有

$$Q = v_f \cdot \frac{\pi d^2}{4} = \frac{nf\pi d^2}{4} \tag{5.7}$$

钻削时，钻头的主切削刃、副切削刃、横刃分别会产生切削力 F_0、F_1 和 F_ψ。这些力分解到 x、y、z 三个方向上，如图 5.2 所示。其中 y 方向上的力基本互相抵消，x 方向的力构成轴向力 F_x，z 方向的力形成转矩 M，则有

$$\begin{cases} F_x = 2F_{xo} + 2F_{x1} + 2F_{x\psi} \\ M = 2F_{zo}\rho + 2F_{z1}d + 2F_{z\psi}b_\psi \end{cases} \tag{5.8}$$

文献[1]中的实验证明，轴向力 F_x 主要由横刃产生，$F_{x\psi} \approx 57\%F$；转矩 M 主要由主切削刃上的切削力 F_{zo} 产生，$M_{zo} \approx 80\%M$。为了分析在切削过程中的钻削力，可以把钻削过程简化，主刃等效为斜角切削，而横刃等效成直角切削，从而可以推导出钻削轴向力和转矩的数学表达式[2]。

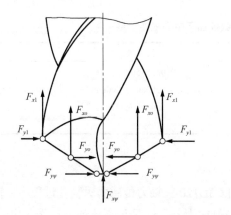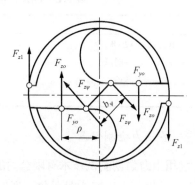

图 5.2 钻削时钻头受力分析

综上可知，若要提高钻削质量，既要考虑制孔材料属性和刀具结构参数，同时也要优化主轴转速、进给量等工艺参数，还要关注因钻削引起的高温、材料变形等带来的附加问题。

■ 5.2 主要试验仪器设备

为了优化钻削工艺参数，需要开展相关试验研究。因试验量较大，除使用制孔机器人自动制孔系统进行试验研究外，还在加工中心开展了部分制孔工艺试验，另外辅以多轴力检测仪器、微观形貌检测仪器、表面粗糙度测量仪器以及孔径检测仪器等。

1. 加工中心

试验用沈阳机床 VMC850E 数控加工中心，如图 5.3 所示，其主要参数如表 5.1 所示。

图 5.3 数控加工中心

表 5.1　VMC850E 数控加工中心主要参数

名称	规格参数
工作台尺寸（$L \times W$）	1050mm×500mm
x 向、y 向、z 向行程	800mm、500mm、500mm
主轴最高转速	8000r/min
功率	7.5kW

2. 多轴力检测仪器

利用上海耐创测试技术有限公司的 FC3D120 三轴力传感器对制孔过程中 x 轴、y 轴和 z 轴作用力进行实时采集，通过信号放大器、信号采集器处理后送入电脑，经测力软件系统分析可以获得相关数据，该力检测系统基本组成如图 5.4 所示。其工作过程是：稳压电源为信号采集器提供持续稳定的电压，FC3D120 三轴力传感器对加工过程中的受力情况进行检测，FC-CS81/3C 信号放大器对传感器采集的信号进行放大处理以便信号采集系统分析信号，USB3200 信号采集器对采集的信号进行处理并转换后送入电脑，由电脑专用软件对数据进行处理。三轴力传感器的基本参数如表 5.2 所示。

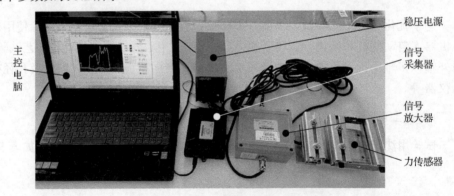

图 5.4　多轴力检测系统组成

表 5.2　FC3D120 三轴力传感器主要参数

名称	规格参数	名称	规格参数
量程	500N	激励电压	10VDC
过载保护	150%FS	耦合误差	1%FS
临界过载	300%FS	精度等级	1%FS
灵敏度	0.5mV/V@FS	单向非线性	≤0.2%FS

注：FS 表示满量程

3. 微观形貌检测仪器

使用基恩士 VHX-500F 型超景深三维显微镜观测孔的出口、入口和孔表面的微观形貌。该显微镜提高了对各种图像的技术处理能力，可以实现通过改变明场、暗场和透射照明等方式进行观察。结合显微镜、测量和扫描电镜等技术，该显微镜不仅可以使用超大景深全聚焦捕捉图像，还可以直接在图像上进行各种测量。该显微镜像素高，有精准的图像补偿功能，配合使用 VHX-500F 型超景深三维显微镜软件功能，能够对微观深度等进行组合和三维展示，还能对检测完的图像进行二次测量和标定。与多角度支持架和旋转载物台配合使用后，可以实现 360° 全角度观测，能够满足试验所需。

4. 表面粗糙度测量仪器

为了观测孔表面粗糙度，使用日本三丰公司的 SJ-210 表面粗糙度测量仪，测量孔表面的粗糙度和微观轮廓，用于评测钻孔质量。该仪器是一种简单、易于现场使用、便于携带的小型表面形貌测量仪器，其装有触摸屏，能直接操作并在显示屏上读取数据和图表，该测量仪还可以通过 Micro SD 存储卡将数据图表保存并导出到电脑。

5. 孔径检测仪器

使用桂林量具刃具有限责任公司的三点式和两点式内径千分尺测量孔径。三点式内径千分尺型号分别为 422-004M 和 422-005M，其测量孔径范围分别为 6～8mm 和 8～10mm，测量精度为±0.004mm。两点式内径千分尺主要用于测量 4～6mm 范围的孔径。在使用时注意以下几点：①测量时要保证千分尺测头、被测件表面清洁；②千分尺测头完全伸入被测件内部；③测量时保证测头与测量孔平行接触。每个基准面取 2 个测量位置，计算测量值的算术平均值作为该基准面处孔径。

■ 5.3　制孔试验

某航空装配件的制孔工位需要对多个部位的铝合金叠层材料和铝合金/CFRP 叠层材料进行现场自动制孔操作，这些孔包含六个规格，数量达 1400 个，拟通过自动制孔系统利用本书开发的制孔末端执行器来完成。装配体的铝合金制孔可以直接借鉴成熟工艺参数，但为了保证叠层材料制孔的技术指标符合要求，并提高制孔效率，本节将针对这两部分的制孔工艺进行研究。

5.3.1　铝合金叠层材料制孔试验

　　针对 1.5mm 厚的 6061 铝合金（Al6061）板材和 3mm 厚的 2024 铝合金（Al2024）角材进行叠层制孔，并从 Al6061 侧利用机器人制孔系统进行制孔，试验基本原理如图 5.5 所示。压脚对铝合金叠层材料单侧施加压紧载荷，试验装置如图 5.6 所示。该孔主要用于 ϕ4mm 铆钉铆装连接，技术要求参照标准《飞机装配工艺　第 3 部分　普通铆接》（HB/Z 223.3—2003）和《铆接通用技术要求》（QJ 782A—2005），叠层材料的出口和入口毛刺最大高度不高于 80μm，且叠层材料层间间隙不大于 50μm。

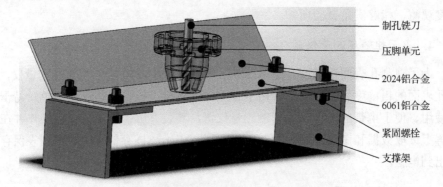

　　　　制孔铣刀
　　　　压脚单元
　　　　2024铝合金
　　　　6061铝合金
　　　　紧固螺栓
　　　　支撑架

图 5.5　制孔试验原理

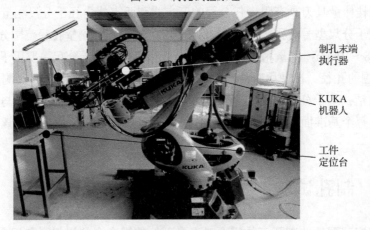

　　　　制孔末端
　　　　执行器
　　　　KUKA
　　　　机器人
　　　　工件
　　　　定位台

图 5.6　制孔试验装置

　　试验用钻头为 SANDVIK 公司铝合金钻削专用整体式硬质合金钻头，型号为860.1-0410-012Al-NM-H10F，其具体参数如表 5.3 所示。

表 5.3　钻头的基本参数

名称	参数	名称	参数
切削直径（DC）	4.1mm	外刃顶角（SIG）	130°
可达到的孔公差（TCHA）	H7	点长度（PL）	0.5mm
有用长度（LU）	12.8mm	总长（OAL）	66mm
有用长度直径比（ULDR）	3.122	功能长度（LF）	65.5mm
刀柄直径公差（TCDCON）	h6	容屑槽长度（LCF）	24mm
冷却液压力（CP）	20bar	最大转速（RPMX）	37266r/min
连接直径（DCON）	6mm	部件重量（WT）	0.03kg

注：1bar=10^5Pa；h6 中 h 表示轴的公差，6 表示其公差是 IT 6 级

将工件在工作台上用螺栓可靠定位后，钻孔步骤如下。

（1）制孔系统通过机器人带动制孔末端执行器移至压脚距离制孔平面 20mm 位置。

（2）制孔系统利用等边三角形布置的激光测距传感器调整制孔姿态，使刀具轴线与制孔区域曲面法向重合。

（3）制孔主轴起动，带动钻头旋转，同时吸屑机构开始工作。

（4）压脚机构伸出，从制孔端压住工件，限制加工时工件变形或者振动。

（5）进给机构推动主轴前移实现制孔，待制孔完毕后返回初始位置。

（6）压脚机构返回，进给机构带动主轴回位，主轴停转。

（7）自控系统移动末端执行器到下一孔位，开始下一制孔循环。

1. 试验设计

在不影响结果的前提下，使用科学的方法来进行试验设计，可以大幅降低铝合金叠层材料制孔试验成本并提高研究效率，本次试验选用响应面法进行试验规划。RSM 是一种试验条件寻优的方法，适用于解决非线性数据处理的相关问题。它涵盖了试验设计、建模、检验模型的合适性、寻求最佳组合条件等众多试验和统计技术，通过对过程的回归拟合和响应曲面、等高线的绘制，可方便地求出相应于各因素水平的响应值。在各因素水平的响应值的基础上，可以找出预测的最优响应值以及相应的试验条件。基于响应面分析的试验设计有多种，如筛选设计、中心复合设计和响应面设计，最常用的是中心复合设计和响应面设计，本章主要使用的是响应面设计。

主轴转速、进给速度及压紧力等都对叠层材料钻孔质量有着直接影响，因此本次试验选取这三种因素作为研究对象，确定了三种因素的水平范围，如表 5.4 所示。

表 5.4   试验因素与水平

因素	水平 1	水平 2	水平 3
主轴转速 n/(r/min)	800	2000	3200
每转进给量 f/(mm/r)	0.08	0.12	0.16
压紧力 F_{pre}/N	280	355	430

基于响应面法构建试验参数如表 5.5 所示。试验加工完后，测量出口毛刺高度 H_o 和入口毛刺高度 H_i 等数值，分别将毛刺最大高度 H_{omax} 和 H_{imax} 作为响应值进行统计分析。数据测量时，选毛刺最大高度毛刺区域测量 3 次，取平均值作为最大值 H_{omax} 和 H_{imax}。

表 5.5   试验参数

序号	主轴转速 n /(r/min)	每转进给量 f /(mm/r)	压紧力 F_{pre} /N	序号	主轴转速 n /(r/min)	每转进给量 f /(mm/r)	压紧力 F_{pre} /N
1	3200	0.12	280	10	2000	0.12	355
2	3200	0.12	430	11	2000	0.16	280
3	2000	0.12	355	12	2000	0.08	430
4	2000	0.12	355	13	2000	0.16	430
5	3200	0.08	355	14	800	0.12	430
6	800	0.12	280	15	2000	0.12	355
7	3200	0.16	355	16	800	0.16	355
8	2000	0.08	280	17	800	0.08	355
9	2000	0.12	355				

6061 铝合金与 2024 铝合金叠层材料制孔后，部分试件如图 5.7 所示。

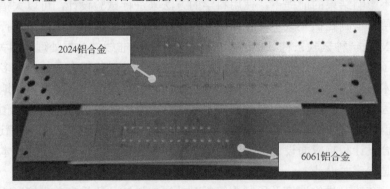

2024铝合金

6061铝合金

图 5.7   制孔后试件

2. 6061 铝合金试验结果分析

由试验数据可知，出口毛刺高度总和为 $\sum H_{omax} = 660.05\mu m$ ，平均毛刺高度为

$\bar{H}_{\text{omax}}$ 660.05/17 = 38.83μm；入口毛刺高度总和为 $\sum H_{\text{imax}}$ =1035.2μm，平均高度为 $\bar{H}_{\text{imax}}$ =1035.2/17=60.89μm。因 6061 铝合金孔出口与 2024 铝合金孔入口叠压，出口毛刺高度平均值明显低于入口，仅为入口毛刺高度的 38.83/60.89=63.77%。如 10 号试验的出口毛刺和入口毛刺的高度都低于 50μm，分别为 33.8μm 和 47.3μm，其微观形貌如图 5.8 所示。

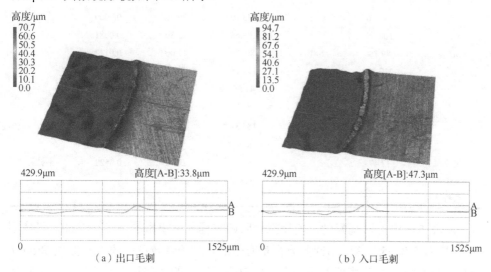

（a）出口毛刺　　　　　　　　　　（b）入口毛刺

图 5.8　10 号试验毛刺微观形貌

对测得的 6061 铝合金孔出口毛刺数据进行统计，出口毛刺最大高度拟合方程如下：

$$H_{\text{omax}} = 253.31591 + 3.127 \times 10^{-3} n - 623.54167 f - 1.01984 F_{\text{pre}} + 0.10859 nf$$
$$- 5.26389 \times 10^{-5} n F_{\text{pre}} + 1.80417 f F_{\text{pre}} + 2.1814 \times 10^{-5} n^2$$
$$- 724.21875 f^2 + 1.176210 \times 10^{-3} F_{\text{pre}}^2 \tag{5.9}$$

对计算结果进行多元回归拟合分析，该模型决定系数 R^2=0.9577 和调整决定系数 R_{adj}^2=0.9033，两值相差不大，说明该模型计算结果对试验数据拟合较好，可用于 6061 铝合金孔出口毛刺高度随各参数变化的理论预测。模型精密度表示有效数据与干扰数据的比值，为16.34，一般大于4即视为理想；变异系数CV为7.34%<10%，表明试验的可信度和精确度高。综上表明此模型是合理的。

得到 6061 铝合金孔出口毛刺高度的回归方程数学模型后，需要进一步对模型本身的拟合程度、可靠性及适应性进行检验。此外，模型中的回归系数、失拟项也需要进行显著性检验，表 5.6 为出口毛刺高度回归方程方差分析表，其中 F 为检验统计量的观测值，Prob>F 为检验统计量大于 F 的概率，用以评估 F 检验的显著性。

表 5.6　　出口毛刺高度回归方程方差分析表

方差来源	平方和	自由度	均方差	F	Prob>F	显著性
模型	1285.17	9	142.80	17.60	0.0005	显著
n	442.53	1	442.53	54.53	0.0002	
f	46.56	1	46.56	5.74	0.0478	
F_{pre}	243.10	1	243.10	29.96	0.0009	
nf	108.68	1	108.68	13.39	0.0081	
nF_{pre}	89.78	1	89.78	11.06	0.0127	
fF_{pre}	117.18	1	117.18	14.44	0.0067	
n^2	41.55	1	41.55	5.12	0.0581	
f^2	5.65	1	5.65	0.70	0.4315	
F_{pre}^2	184.31	1	184.31	22.71	0.0020	
残差	56.80	7	8.11			
失拟项	17.47	3	5.82	0.59	0.6523	不显著
纯误差	39.33	4	9.83			
总离差	1341.97	16				

　　从表 5.6 中可以观察到，所得拟合回归方程数学模型的 F 为 17.60，且模型 Prob>F 为 0.0005，这说明回归方程是有效的且显著性较高；模型失拟项 Prob>F 为 0.6523 大于 0.05，表明其不显著。出口毛刺高度的残差正态图和残差与方程预测值对应关系如图 5.9 所示。

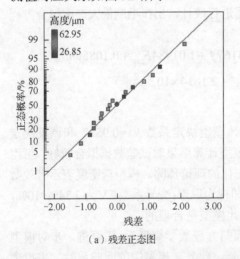

（a）残差正态图

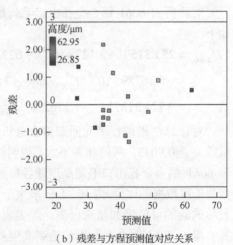

（b）残差与方程预测值对应关系

图 5.9　6061 铝合金孔出口毛刺高度分析

　　图 5.9（a）所示残差正态图中，残差排列近似直线；图 5.9（b）所示残差与方程预测值对应关系图中各个试验点相对分散，这些都说明该模型对于 6061 铝

合金孔出口毛刺高度预测值与试验值的吻合度较高。出口毛刺高度的变化情况如图 5.10 所示。

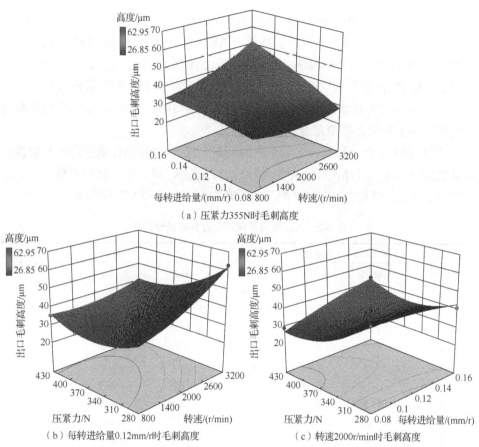

（a）压紧力 355N 时毛刺高度

（b）每转进给量 0.12mm/r 时毛刺高度　　（c）转速 2000r/min 时毛刺高度

图 5.10　6061 铝合金孔出口毛刺高度图

图 5.10（a）是压紧力 355N 时出口毛刺高度的三维变化图，毛刺高度随着进给速度的增加而略有增大，但随着转速的增加而减小。压紧力为 355N 时毛刺高度的变化与 280N 规律一致，但整体的变化趋势比较平缓且毛刺高度普遍比 280N 时低。每转进给量 0.12mm/r 时毛刺高度三维变化如图 5.10（b）所示，毛刺高度随压紧力增大呈现先减小后增大的趋势，随主轴转速增加明显增大。转速 2000r/min 时毛刺高度三维变化如图 5.10（c）所示，毛刺高度明显随压紧力的增加而显著减小，而随着进给速度的增加而有所增大。

同理，统计 6061 铝合金孔入口毛刺高度，对试验数据拟合后得到方程如下：

$$H_{imax} = 429.7018 - 0.0459n - 2481.854f - 1.04715F_{pre}$$
$$- 0.024479nf - 4.08333 \times 10^{-5}nF_{pre} + 2.95fF_{pre}$$
$$+ 1.53333 \times 10^{-5}n^2 + 6190.625f^2 + 1.05867 \times 10^{-3}F_{pre}^2 \quad (5.10)$$

对计算结果进行多元回归拟合分析,该模型决定系数 $R^2=0.9827$ 和调整决定系数 $R_{adj}^2 = 0.9605$,两值相差不大,说明该模型计算结果对试验数据拟合较好,可用于 6061 铝合金孔入口毛刺随各参数变化的理论预测;模型精密度为 16.34,一般大于 4 即视为理想;变异系数 CV 为 7.34%<10%,表明试验的可信度和精确度高。综上表明此模型是合理的。

获得 6061 铝合金孔入口毛刺高度的回归方程数学模型后,需要进一步对模型本身的拟合程度、可靠性及适应性进行检验。此外,模型中的回归系数、失拟项也需要进行显著性检验,表 5.7 为入口毛刺高度回归方程方差分析表。

表 5.7　入口毛刺高度回归方程方差分析表

方差来源	平方和	自由度	均方差	F	Prob>F	显著性
模型	3266.21	9	362.91	44.23	< 0.0001	显著
n	46.08	1	46.08	5.62	0.0496	
f	0.061	1	0.061	7.464e-003	0.9336	
F_{pre}	24.15	1	24.15	2.94	0.1299	
nf	5.52	1	5.52	0.67	0.4390	
nF_{pre}	54.02	1	54.02	6.58	0.0372	
fF_{pre}	313.29	1	313.29	38.18	0.0005	
n^2	2052.74	1	2052.74	250.16	< 0.0001	
f^2	413.09	1	413.09	50.34	0.0002	
F_{pre}^2	149.31	1	149.31	18.20	0.0037	
残差	57.44	7	8.21			
失拟项	16.01	3	5.34	0.52	0.6937	不显著
纯误差	41.43	4	10.36			
总离差	3323.65	16				

由表 5.7 可知,拟合回归方程数学模型的 F 为 17.60,且模型 Prob>F 为 0.0005,这说明回归方程是有效的且显著性非常高;模型失拟项 Prob>F 为 0.6937 大于 0.05,表明其不显著。结合拟合方程,得到入口毛刺高度残差正态图和残差与方程预测值对应关系如图 5.11 所示。

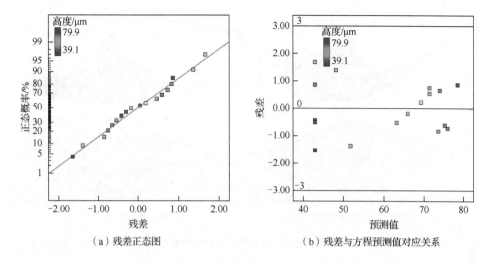

（a）残差正态图　　　　　　　　（b）残差与方程预测值对应关系

图 5.11　6061 铝合金孔入口毛刺高度分析

图 5.11（a）所示残差正态图中试验数据分布近似直线；图 5.11（b）所示残差与方程预测值对应关系图中各个试验点比较分散，综合评价此模型对于入口毛刺高度的预测是有效的。入口毛刺高度的变化情况如图 5.12 所示。

图 5.12（a）所示为压紧力 355N 时毛刺高度三维变化图，毛刺高度随着每转进给量和转速的增加呈现先减小后略有增大的趋势。分析还发现，压紧力为 280N 时入口毛刺高度随着进给速度与转速的增加先减小后增加；压紧力为 420N 时毛刺高度与 355N 时变化规律一致但趋势更明显些。每转进给量 0.12mm/r 时毛刺高度三维变化如图 5.12（b）所示，毛刺高度随压紧力的增加而减小，随转速的增加先减小后稍有增加。综合分析发现，每转进给量为 0.16mm/r 对入口毛刺高度的影响与每转进给量 0.08mm/r 时相似，但 0.08mm/r 时更平缓，而 0.16mm/r 时变化更明显。转速 2000r/min 时毛刺高度三维变化如图 5.12（c）所示，毛刺高度随压紧力与进给

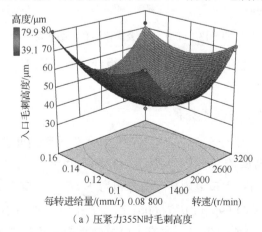

（a）压紧力355N时毛刺高度

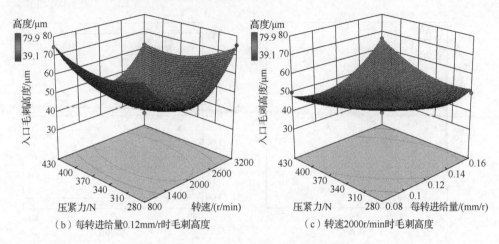

（b）每转进给量0.12mm/r时毛刺高度　　　（c）转速2000r/min时毛刺高度

图 5.12　6061 铝合金孔入口毛刺高度图

速度的增大而略有增大。分析还发现，转速为 800r/min 和 3200r/min 时毛刺高度变化规律与 2000r/min 时基本一致，但毛刺高度内有所增加。

　　综合以上的所有结论，以出口毛刺高度和入口毛刺高度最小作为目标值，得到如图 5.13 所示的最佳工艺参数。

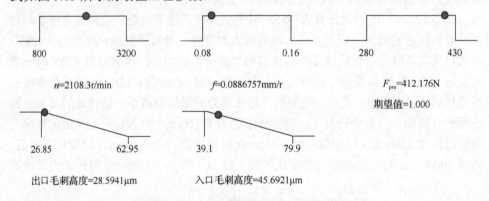

图 5.13　6061 铝合金优化制孔参数预测

　　得到 6061 铝合金的较佳制孔工艺参数组合：转速为 2108r/min，每转进给量为 0.089mm/r，压紧力为 412N。

　　3. 2024 铝合金试验结果分析

　　制孔后，对 2024 铝合金孔出口毛刺高度和入口毛刺高度进行测量，通过计算可知：出口毛刺高度的总和为 $\sum H_{omax}=1236.7\mu m$，平均毛刺高度为 $\overline{H}_{omax}=1236.7/17=72.75\mu m$；入口毛刺高度的总和为 $\sum H_{imax}=764.8\mu m$，平均毛刺高度为 $\overline{H}_{imax}=764.8/17=44.99\mu m$。因为 6061 铝合金孔出口与 2024 铝合金孔入口叠压，对毛刺有一定的抑制作用，使得入口毛刺高度平均值仅为出口毛刺高度的

44.99/72.75=61.84%，明显低于入口毛刺高度。

14 号试验数据中，入口毛刺高度最低仅为 40.3μm，对应出口毛刺高度为 69.8μm，微观形貌如图 5.14 所示，可以看出入口毛刺相对比较均匀，孔边缘的毛刺高度和宽度都比较小；而出口毛刺的高度较大且分布并不均匀。

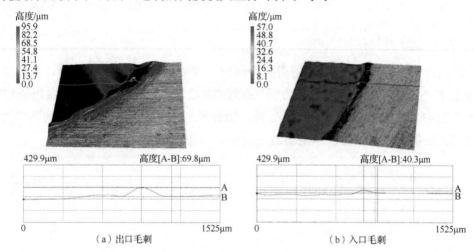

（a）出口毛刺　　　　　　　　（b）入口毛刺

图 5.14　14 号试验毛刺微观形貌

2024 铝合金制孔后，测量其出口毛刺高度，对毛刺最大高度试验数据拟合方程如下：

$$H_{\text{omax}} = 391.72662 - 0.020748n - 590.6047f - 1.44334F_{\text{pre}}$$
$$+ 7.29167 \times 10^{-3}nf + 1.69444 \times 10^{-5}nF_{\text{pre}} - 0.89167fF_{\text{pre}}$$
$$+ 3.48264 \times 10^{-6}n^2 + 3884.375f^2 + 1.98044 \times 10^{-3}F_{\text{pre}}^2 \qquad (5.11)$$

对计算结果进行多元回归拟合分析，该模型决定系数 R^2=0.9762 和调整决定系数 $R_{\text{adj}}^2 = 0.9457$，两值接近，说明该模型计算结果对试验数据拟合较好，可用于 2024 铝合金孔出口毛刺高度随各参数变化的理论预测。模型精密度值为 17.203>4；变异系数 CV 为 3.11%<10%，表明试验的可信度和精确度高。综上表明此模型是合理的。

获得 2024 铝合金孔出口毛刺高度的回归方程数学模型后，参照 6061 铝合金孔分析过程，需要进一步对模型的相关参数进行检验，表 5.8 为出口毛刺高度回归方程方差分析表。

表 5.8　出口毛刺高度回归方程方差分析表

方差来源	平方和	自由度	均方差	F	Prob>F	显著性
模型	1475.69	9	163.97	31.94	<0.0001	显著
n	0.061	1	0.061	0.012	0.9161	
f	20.16	1	20.16	3.93	0.0879	

续表

方差来源	平方和	自由度	均方差	F	Prob>F	显著性
F_{pre}	547.80	1	547.80	106.72	<0.0001	
残差	35.93	7	5.13			
失拟项	21.62	3	7.21	2.01	0.2543	不显著
纯误差	14.31	4	3.58			
总离差	1511.62	16				

从表 5.8 中可以观察到，所得拟合回归方程数学模型的 F 为 31.94，且模型 Prob>F 小于 0.0001，这说明回归方程是有效的且显著性非常高；模型失拟项 Prob>F 为 0.2543，大于 0.05，表明其不显著。结合拟合方程，分析了出口毛刺高度的残差正态图、残差与方程预测值对应关系，如图 5.15 所示。

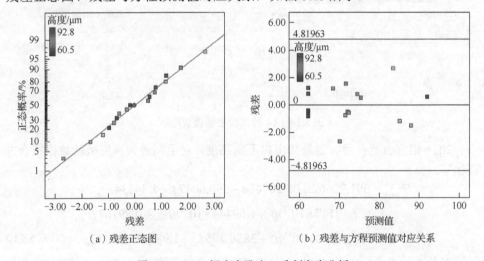

（a）残差正态图　　　　　　　　（b）残差与方程预测值对应关系

图 5.15　2024 铝合金孔出口毛刺高度分析

图 5.15（a）所示残差正态图中，数据分布接近直线，且较为均匀地分布在两侧；图 5.15（b）所示残差与方程预测值对应关系，图中各个试验点比较分散，综合来看，对于出口毛刺高度预测也是有效的。

出口毛刺高度变化情况如图 5.16 所示。图 5.16（a）中，毛刺高度随着进给速度和转速的增加均呈现先减小后增大的趋势。分析还发现，压紧力 280N、355N 时与压紧力为 430N 时的出口毛刺高度变化规律一致。此变化也可以从拟合的公式中看出，高度变化与压紧力、每转进给量及转速的变化相一致，因此每转进给量及转速恒定时与压紧力不变时的规律都相似，不再进行逐一介绍。

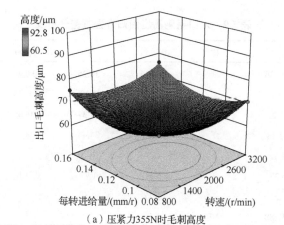

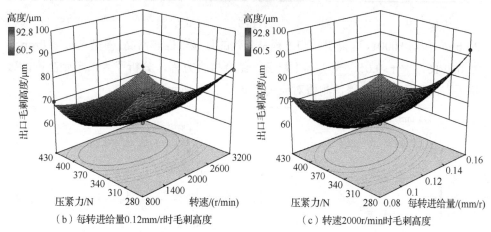

图 5.16　2024 铝合金孔出口毛刺高度图

同理，对 2024 铝合金孔入口毛刺高度进行测量统计，将试验数据拟合方程如下：

$$H_{imax} = 120.7892 - 0.025033n - 1109.729f + 0.06575F_{pre}$$
$$+ 0.019271nf + 8.0556 \times 10^{-6} nF_{pre} - 1.3fF_{pre} + 4.7361 \times 10^{-6} n^2$$
$$+ 6840.625f^2 + 2.5778 \times 10^{-5} F_{pre}^2 \tag{5.12}$$

对计算结果进行多元回归拟合分析，该模型决定系数 R^2=0.9749 和调整决定系数 R_{adj}^2 = 0.9427；模型精密度为 15.206＞4 即视为理想；变异系数 CV 为 4.49%＜10%，表明试验的可信度和精确度高。综上可以判定此模型是合理的。对入口毛刺高度的回归方程进行数学模型后，参考 2024 铝合金孔出口毛刺高度分析过程，需要进一步对相关参数进行检验，表 5.9 为入口毛刺高度回归方程方差分析表。

表 5.9　入口毛刺高度回归方程方差分析表

方差来源	平方和	自由度	均方差	F	Prob>F	显著性
模型	1109.36	9	123.26	30.25	<0.0001	显著
n	9.68	1	9.68	2.38	0.1671	
f	152.25	1	152.25	37.37	0.0005	
F_{pre}	140.28	1	140.28	34.43	0.0006	
残差	28.52	7	4.07			
失拟项	16.27	3	5.42	1.77	0.2916	不显著
纯误差	12.25	4	3.06			
总离差	1137.88	16				

从表 5.9 中可以观察到，所得拟合回归方程数学模型的 F 为 30.25，且模型 Prob>F 小于 0.0001，这说明回归方程是有效的且显著性非常高；模型失拟项 Prob>F 为 0.2916，大于 0.05，表明其不显著。结合拟合方程，分析了入口毛刺高度的残差正态图和残差与方程预测值对应关系如图 5.17 所示。

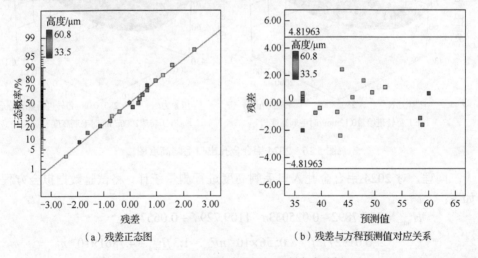

（a）残差正态图　　　　　　　　（b）残差与方程预测值对应关系

图 5.17　2024 铝合金孔入口毛刺高度分析

图 5.17（a）所示的残差正态图中试验数据分布近似直线；图 5.17（b）所示残差与方程预测值对应关系图中各个试验点也是比较分散的，这些都说明了该模型对 2024 铝合金孔入口毛刺高度的预测吻合度好，适应性强。2024 铝合金孔入口毛刺高度三维变化如图 5.18 所示。

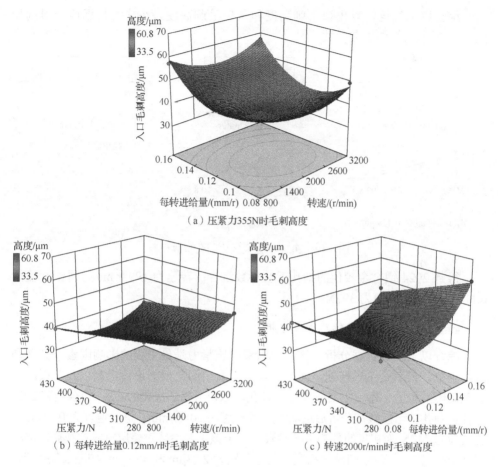

（a）压紧力355N时毛刺高度

（b）每转进给量0.12mm/r时毛刺高度

（c）转速2000r/min时毛刺高度

图 5.18　2024 铝合金孔入口毛刺高度图

压紧力 355N 时毛刺高度三维变化如图 5.18（a）所示，随转速和进给速度的增加均呈现先减小后增大的趋势。分析还发现，压紧力为 430N 时毛刺高度的变化情况与 355N 时的规律基本一致，但变化趋势更平缓；压紧力为 280N 时毛刺高度随着进给速度的增加而增大，随转速的增加先增大后减小。每转进给量 0.12mm/r 时毛刺高度三维变化如图 5.18（b）所示，毛刺高度随压紧力和转速的增加先减小后增大。分析还发现，每转进给量为 0.08mm/r 时与 0.16mm/r 时的毛刺高度变化规律与 0.12mm/r 时一致，但 0.08mm/r 时变化得更加有规律，而 0.16mm/r 时整体的毛刺高度更大。转速为 2000r/min 时毛刺高度三维变化如图 5.18（c）所示，毛刺高度随压紧力的增大而缓慢减小，随进给速度的增加呈现先减小后增大的趋势，但幅度较小。分析发现，转速为 800r/min 和 3200r/min 时毛刺高度变化与前二者一致，但转速为 3200r/min 时毛刺高度更高。

综合以上结论，以出口毛刺高度和入口毛刺高度最小作为目标值，得到如图 5.19 所示的最佳工艺参数。

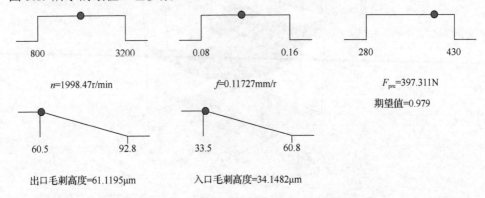

n=1998.47r/min　　f=0.11727mm/r　　F_{pre}=397.311N

期望值=0.979

出口毛刺高度=61.1195μm　　入口毛刺高度=34.1482μm

图 5.19　2024 铝合金优化制孔参数预测

得到 2024 铝合金较佳的制孔工艺参数组合：转速为 1998r/min，进给速度为 0.117mm/s，压紧力为 397N。

4. 铝合金叠层材料钻孔参数分析

综合以上仿真数据分析，这三种因素中压紧力是最主要的影响因素，其次是进给速度，最后是主轴转速，而且压紧力对叠层间上板的出口毛刺以及下板的入口毛刺影响最大。本节主要研究叠层制孔，综合考虑了优化的 6061 铝合金和 2024 铝合金制孔工艺参数，分析后选取了主轴转速为 2050r/min、进给速度为 0.1mm/s、压紧力为 410N 为初步的预测工艺参数。基于该工艺参数对叠层材料钻孔后，6061 铝合金孔出口、入口毛刺最大高度实测值分别为 27.3μm 和 45.3μm，如图 5.20 所示。

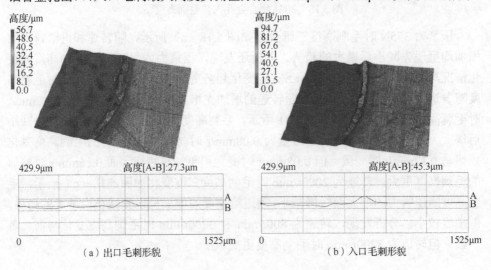

（a）出口毛刺形貌　　　　　　　　（b）入口毛刺形貌

图 5.20　6061 铝合金孔缘毛刺形貌

6061 铝合金孔入口毛刺最大高度为技术要求值 80μm 的 56.6%，符合要求。测量发现，在出口圆周的毛刺高度普遍比较低，基于该处三等分的其他两处毛刺高度的测量值分别为 9.5μm 和 17.8μm，三处毛刺高度的平均值为 18.2μm，而较低区域毛刺高度的测量值仅为 3.5μm。

如图 5.21 所示，2024 铝合金孔出口、入口毛刺最大高度的测量值分别为 61.3μm 和 33.7μm。2024 铝合金孔出口毛刺最大高度为技术要求值 80μm 的 76.6%，符合要求。测量还发现，在入口圆周的毛刺高度普遍比较低，基于该处三等分对应的其他两处毛刺高度测量值分别为 9.6μm 和 12.6μm，三处毛刺高度的平均值为 18.6μm，而较低区域毛刺高度的测量值仅为 4.1μm。铝合金叠层材料层间平均毛刺和为 18.2+18.6=36.8μm，小于 50μm 的技术要求值。

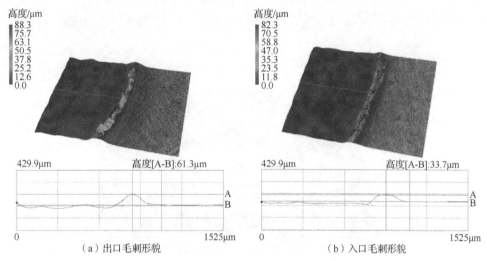

（a）出口毛刺形貌　　　　　　　　　（b）入口毛刺形貌

图 5.21　2024 铝合金孔缘毛刺形貌

在孔 1/2 深处选取 2 个对称区域作为形貌检测位置，如图 5.22 所示，选定区域显微镜取样面积为 610μm×457.5μm。

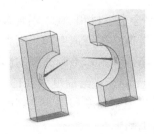

图 5.22　孔内形貌检测位置

检测结果如图 5.23 所示，切削纹理并不明显且分布均匀，沿孔轴向表面均匀性好，无加工缺陷。

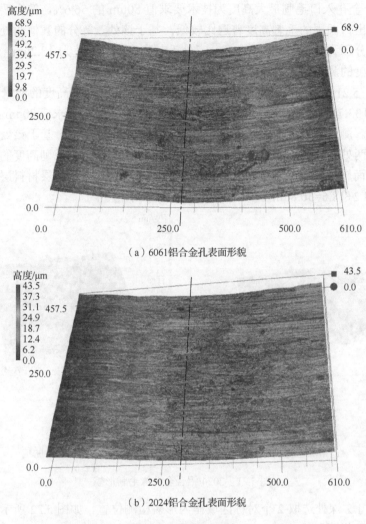

（a）6061铝合金孔表面形貌

（b）2024铝合金孔表面形貌

图 5.23 孔表面形貌

　　基于响应面法对 6061 铝合金板材和 2024 铝合金角材进行了叠层制孔研究，对制孔质量影响较大的主轴转速、进给速度和压紧力进行了试验规划，分析了三种因素对两种型号铝合金的出口、入口毛刺高度的影响程度，获得了较佳的工艺参数组合：主轴转速为 2750r/min、进给速度为 0.13mm/s、压紧力为 375N。该参数制孔后铝合金的出口、入口毛刺高度和层间毛刺高度均符合技术指标要求，且孔表面均匀性好，无明显加工缺陷。

5.3.2　铝合金/CFRP 叠层材料制孔试验

　　随着复合材料性能的不断提高，碳纤维材料的切削加工性能越来越差，严重影响了叠层材料钻孔的加工精度和加工效率，已成为目前功能复合材料研究和应用所面临的一项亟待解决的难题[3-5]。针对铝合金/CFRP 叠层材料进行试验研究，提出采用 BP 神经网络算法建立叠层材料的钻孔质量预测模型，该模型可以用于优选钻孔工艺参数，从而大大减少试验数量，有利于节约成本和提高效率。

1. 试验目的

因空间紧凑型装配部件中使用的 7050 铝合金（Al7050）和 T300 CFRP 叠层类型较多且钻孔直径不等，本节选择通过 BP 神经网络算法对二者不同叠层类型的钻孔质量进行预测研究。本节拟采用 BP 神经网络算法，设计 8-14-1 的三层拓扑结构模型，通过学习、训练、预测、验证等方法，对制孔工艺进行优化，期望该预测模型具有较强的实用价值，能够在制孔工艺过程中使用。

2. 叠层材料钻孔试验规划

1）制孔装置

制孔末端执行器在生产现场试用，试验与检测等有所不便，所以铝合金/CFRP 叠层材料的制孔试验在加工中心上开展，尽管加工中心与机器人末端执行器制孔状态并不完全相同，但制孔技术参数仍有借鉴价值。由于 CFRP 在出口侧容易产生毛刺、分层或撕裂等缺陷[6]，当 CFRP 位于底层开展试验时，研究了在叠层材料的底面使用垫板的方式来减少缺陷，垫板与叠层材料之间用 C 形夹夹紧，以避免空隙对制孔质量产生影响，制孔装置原理如图 5.24 所示。

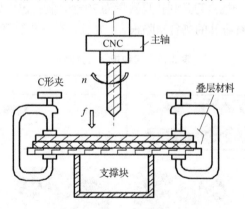

图 5.24　制孔装置原理图

制孔试验装置如图 5.25 所示。使用沈阳机床 VMC850E 加工中心在铝合金/CFRP 叠层材料上进行制孔试验。使用 C 形夹、支撑块和虎钳对叠层材料进行固定。此外，使用数控程序可以调整 CNC 机床的主轴转速和每转进给量等，从而满足试验工艺参数需求。

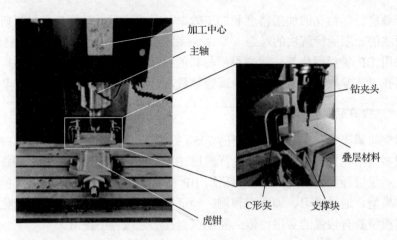

图 5.25   试验装置

2）制孔工艺

为了确保试验数据的可靠性，所有试验均在满足以下条件时进行：①检查刀具表面无缺陷，涂层完整；②确认数控机床工作状况良好；③保证叠层材料被 C 形夹夹紧，材料之间没有间隙，并且由虎钳定位。

刀具结构参数和材质对制孔质量有很大的影响，在对叠层材料进行试验分析之前，先对比了三尖两刃钻、双棱钻、钻铰刀和八面复合钻四种规格刀具，如表 5.10 所示，在 140mm×140mm×3mm 的 CFRP 上进行制孔效果比较。孔径为 ϕ4.8 mm，孔距为 12mm，使用同一规格刀具制孔且数量为 20 个。制孔出口处的形貌如图 5.26 所示。图 5.26（a）中碳纤维孔的撕裂缺陷很多，并且遍布在孔的整个圆周。图 5.26（b）、

表 5.10   四种规格刀具外观

刀具类型	外观	刀具类型	外观
三尖两刃钻		钻铰刀	
双棱钻		八面复合钻	

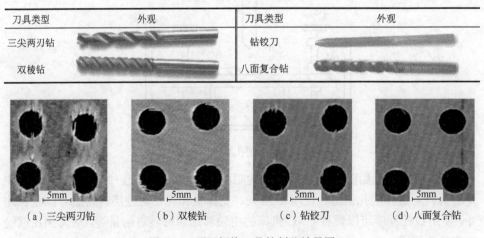

（a）三尖两刃钻   （b）双棱钻   （c）钻铰刀   （d）八面复合钻

图 5.26   不同规格刀具的制孔效果图

（c）中，孔周围虽有碳纤维毛刺，但孔边缘撕裂缺陷并不明显。结果表明，如图 5.26（d）所示，八面复合钻的效果最佳，所有 20 个试验孔的出口质量均满足要求。因此，选择了八面复合钻来进一步研究制孔工艺参数。

因复合材料在出口侧容易出现毛刺、分层、撕裂或其他缺陷。因此，在正式试验方案实施前，还在 CFRP 的底部使用了厚度为 3mm 的不同材料垫板，进行制孔效果比较，优先选择合适的垫板材料，从而减少制孔缺陷。垫板材料选择了松木垫板、5051 铝合金垫板和 ABS 塑料垫板，进行预试验，比较三种垫板的制孔质量，如图 5.27 所示。从图中可以看出，ABS 塑料垫板制孔的效果最佳，因此本节后续所有制孔试验垫板材料均使用 ABS 塑料。

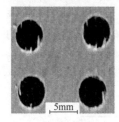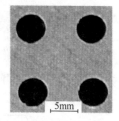

（a）松木垫板　　　　　　　（b）5051铝合金垫板　　　　　（c）ABS塑料垫板

图 5.27　不同垫板的制孔效果

基于以上试验结果，所有钻孔试验均使用八面复合钻，试验的工艺参数主要为刀具的每转进给量 f（mm/r）、转速 n（r/min）、钻头直径 d（mm）、ABS 塑料垫板、CFRP+铝合金（CFRP+Al）、铝合金+CFRP（Al+CFRP）、铝合金+CFRP+铝合金（Al+CFRP+Al）以及 CFRP+铝合金+CFRP（CFRP+Al+CFRP）。

基于 BP 神经网络算法针对 2mm 厚 7050 铝合金和 3mm 厚 CFRP 叠层材料的制孔质量进行预测研究。以每转进给量（0.005～0.06mm/r）、主轴转速（2000～9000r/min）、制孔直径（3～8mm）和有无垫板这四个参数作为输入层参数，研究四种叠层类型（CFRP+Al、Al+CFRP、Al+CFRP+Al 和 CFRP+Al+CFRP）。支撑块所在中部 100mm×100mm 区域为叠层材料的制孔区域，制孔间距为 8mm。每组试验均使用全新刀具，且每把刀钻孔数量不超过 20 个，使用真空吸屑和自然冷却，每个孔加工完成后，间隔 30s 用于冷却刀具，再制造下一个孔，直至完成整组试验。在本节试验中，忽略了制孔位置差异和刀具磨损对制孔质量的影响。此外，因为本节使用新刀具制造的最大孔数仅 20 个，所以在此次研究中未考虑切削刃的磨损。对于不同的工艺参数组合，总共完成了 161 组的试验。编号 1～152 用作训练样本，编号 153～161 用作预测样本。

3）孔的质量检测

因铝合金板材相对容易加工，经检测，在试验参数范围内其孔径、出口毛刺高度和入口毛刺高度等均符合技术要求，所以未将叠层材料中的铝合金板材制孔效果列入缺陷分析项。毛刺、分层和撕裂是 CFRP 制孔的主要缺陷，当刀具钻出复合材料表面时，复合材料受轴向力和刃带挤压作用，初期在孔边缘位置形成裂纹。随着加工持续进行，待切削材料厚度变薄，刚性下降，裂纹逐渐扩大。钻头中心处表层纤维材料断裂，受摩擦力的作用，出口处产生较大的剪应力，最终，裂纹形成了撕裂。生产中发现叠层材料的主要制孔缺陷中撕裂最为普遍，本书将撕裂作为主要评判标准，并依此开展试验研究和预测分析。

参照中国商用飞机有限责任公司《复合材料制件的制孔》（CPS2011B）标准对孔的质量进行评价，即每个孔最多存在四个由于分层、撕裂和掉渣等因素引起的孔边损伤，钻孔损伤范围如图 5.28 所示，h 为缺陷高度，W 为缺陷宽度，每个损伤若在表 5.11 所示的限制以内，则可接受，不需进一步加工。

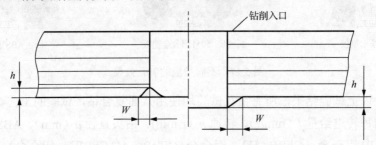

图 5.28　CFRP 钻孔损伤范围

表 5.11　损伤评判标准

孔径/in	h_{max}/mm	W_{max}/mm
3/32	0.36	1.27
4/32	0.36	1.27
5/32	0.36	2.54
6/32	0.36	2.54
8/32	0.36	2.54
10/32	0.36	3.04
12/32	0.36	3.04

注：1in=2.54cm

根据碳纤维复合材料的特性，采用 A 扫描超声检测仪进行扫描检测。A 扫描可以通过测量回波信号的幅度和发射换能器的位置来确定缺陷的方位和大小。经委托单位检测，试验数据中未有 CFRP 出现分层现象。

3. BP 神经网络预测

1）BP 神经网络介绍

BP 神经网络是一种多层前馈神经网络,学习过程由信号的正向传播与误差的反向传播两个过程组成[7]。正向传播时,输入样本从输入层传入,经各隐层逐层处理后,传向输出层。若输出层的实际输出与期望输出不符,则转入误差的反向传播阶段。误差反向传播是输出误差以某种形式通过隐层向输入层逐层反传,并将误差分摊给各层的所有单元,此过程周而复始进行,直至网络输出的误差减小到可接受程度,或进行到预先设定的学习次数为止[8]。三层 BP 网络如图 5.29 所示。

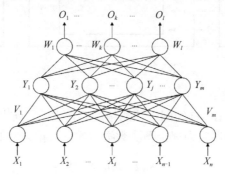

图 5.29　三层 BP 网络

输入向量为 $X(X_1, X_2, \cdots, X_i, \cdots, X_n)$,隐层输出向量为 $Y(Y_1, Y_2, \cdots, Y_j, \cdots, Y_m)$,输出层输出向量为 $O(O_1, O_2, \cdots, O_k, \cdots, O_l)$,输入层到隐层之间的权值矩阵用 V 表示,$V(V_1, V_2, \cdots, V_j, \cdots, V_m)$,其中 V_j 为隐层第 j 个神经元对应的权向量。隐层到输出层之间的权值矩阵用 W 表示,$W(W_1, W_2, \cdots, W_k, \cdots, W_l)$,其中 W_k 为输出层第 k 个神经元对应的权向量。各层信号之间数学关系如下[9]。

隐层关系如下式:

$$\begin{cases} Y_j = f(\text{net}_j), \ j=1,2,\cdots,m \\ \text{net}_j = \sum_{i=0}^{n} V_{ij} X_i, \ j=1,2,\cdots,n \end{cases} \tag{5.13}$$

即任意隐层输出向量 Y_j 是所有输入向量 X_i 与权值 V_{ij} 乘积之和。输出层关系如下式:

$$\begin{cases} O_k = f(\text{net}_k), \ k=1,2,\cdots,l \\ \text{net}_k = \sum_{j=0}^{m} W_{jk} Y_j, \ k=1,2,\cdots,m \end{cases} \tag{5.14}$$

即任意输出向量 O_k 是所有隐层输出向量 Y_j 与权值 W_{jk} 乘积之和。

2）神经网络模型建立

采用 8-14-1 的三层拓扑结构构建成一个制孔质量预测神经网络模型,如图 5.30 所示。BP 神经网络模型输入层主要接收外部数据及信息,隐层通过各种函数关系进行计算，而输出层主要用来处理计算结果，给出预测结果[10,11]。

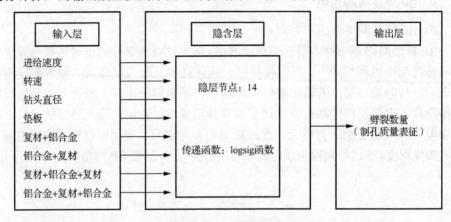

图 5.30 神经网络预测模型

3）隐层节点选取

隐层节点选取对 BP 神经网络预测精度有较大的影响[12]，具体采用试凑法如表 5.12 所示。表中的误差为理论预测数据与实际数据之间的误差和。

表 5.12 隐层节点误差

节点	误差
7	325
8	197
9	123
10	62
11	167
12	135
13	100
14	28
15	57
16	84
17	224

表 5.12 中的隐层节点数选取太少，BP 神经网络不能建立复杂的映射关系，网络预测误差较大。若节点数过多，网络学习时间增加，可能导致训练样本预测准确，但预测样本误差较大。一般来说，网络预测误差随节点数增加呈先减少后增加的趋势[13,14]。根据表中所示，选取 14 个隐层节点时，预测误差最小。

4）BP 神经网络预测影响因素

表 5.13 中首行为工艺参数，其中有垫板为 1，无为 0。同理，复合材料与铝合金板材有为 1，无为 0。复合材料与铝合金从左至右的顺序代表自上而下的叠层顺序。

表 5.13　输入向量水平

水平	每转进给量/(mm/r)	主轴转速/(r/min)	钻头直径/mm	CFRP/3mm	Al/2mm	CFRP/3mm	Al/2mm	支撑垫板
水平 I	0.007	3000	3.26	0/1	0/1	0/1	0/1	0/1
水平 II	0.02	5000	4.81	0/1	0/1	0/1	0/1	0/1
水平 III	0.04	7000	7.92	0/1	0/1	0/1	0/1	0/1

将 8 个输入向量、14 个隐层节点和 1 个输出向量代入 MATLAB 软件神经网络工具箱中，使用 newff 函数创建 BP 神经网络预测模型，该模型的输入层节点转移函数 $\text{tansig}\left(y=2/\left[1+\exp(-2x)\right]-1\right)$，隐层节点转移函数选用 $\text{logsig}\left(y=1/\left[1+\exp(-x)\right]\right)$，输出层节点转移函数选用 purelin$(y=x)$，权值训练函数选用 trainlm 函数，trainlm 函数采用列文伯格-马夸特（Levenberg-Marquardt）算法[15, 16]。

4. BP 神经网络模型训练与验证试验

1）模型训练

神经网络经过训练后才能进行制孔劈裂数量的预测，图 5.31 为神经网络模型训练过程。由图得出，模型建立经历 170 步误差修正，误差降低为 0.00016882，回归拟合为 0.99978。具体步骤为：①载入训练数据和预测数据，将训练数据和预测数据归一化；②采用 newff 函数建立网络结构，训练步数设置为 170，误差目标为 0.0001，对训练数据进行网络训练；③用训练好的网络对训练数据和预测数据进行拟合，拟合结果进行反归一化；④将训练数据和预测数据与实际数据进行画图比较。

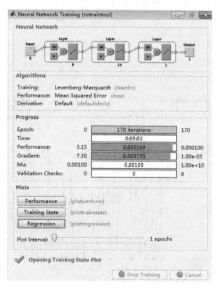

（a）训练过程

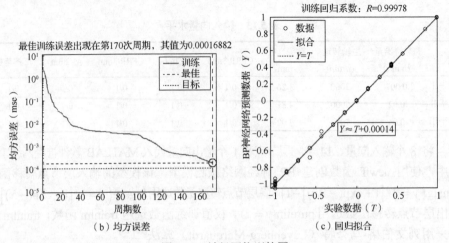

（b）均方误差 （c）回归拟合

图 5.31 神经网络训练图

2）结果分析

训练样本拟合如图 5.32 所示，其中"*"为试验值即期望值，"。"为预测值即理论值。制孔劈裂数量的试验值与预测值之间的拟合较好，大部分样本几乎重合，训练样本拟合误差结果基本为 $10^{-2} \sim 10^{-5}$ 量级，少量样本误差范围在 10^{-1} 量级，其中最大误差为 0.78，为 24 号样本，按照四舍五入原则，拟合结果最大误差为 1。采用 BP 神经网络模型预测 CFRP+Al+CFRP 的工艺参数为每转进给量 0.04mm/r，转速 3000r/min、5000r/min、7000r/min，钻头直径 3.26mm、4.81mm、7.92mm，使用 3mm 厚度的 ABS 垫板，每个参数下制孔 20 个。孔的劈裂数量值如图 5.33 所示，缺陷孔数量预测曲线与试验曲线较接近，158 号与 161 号样本预测误差为 0，159 号和 160 号样本预测误差较大。

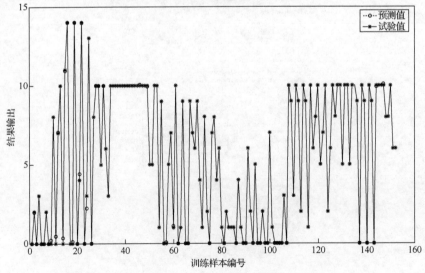

图 5.32 训练样本拟合结果

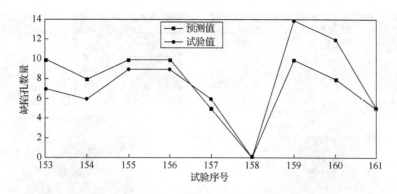

图 5.33　测试样本拟合结果

图 5.33 中预测结果为实数，但实际劈裂数值只能为整数，所以经过四舍五入后得出数据如表 5.14 所示。

表 5.14　预测值与试验值对比表

试验序号	每转进给量/ (mm/r)	主轴转速/ (r/min)	钻头直径/ mm	CFRP (3mm)	Al (2mm)	CFRP (3mm)	支撑垫板	缺陷孔实际数	缺陷孔预测数	绝对误差
153	0.04	3000	3.26	1	1	1	1	10	7	3
154	0.04	3000	4.81	1	1	1	1	8	6	2
155	0.04	3000	7.92	1	1	1	1	10	9	1
156	0.04	5000	3.26	1	1	1	1	10	9	1
157	0.04	5000	4.81	1	1	1	1	5	6	1
158	0.04	5000	7.92	1	1	1	1	0	0	0
159	0.04	7000	3.26	1	1	1	1	10	14	4
160	0.04	7000	4.81	1	1	1	1	8	12	4
161	0.04	7000	7.92	1	1	1	1	5	5	0

注：1 表示有垫板

从表 5.14 中可以看出，预测的最大误差为 4，在 159 号和 160 号样本中出现。预测的最小误差为至少 0，在 158 号和 161 号样本中出现。结合图 5.33 的数据，可知预测结果与试验结果的趋势一致。但个别预测样本误差较大是因为预测模型是以训练样本为基础，而 153～161 号样本不在其内，所以这些样本对于劈裂数量的影响与训练样本的影响会存在一定偏差，而预测模型仍以训练样本为基础进行预测会导致误差偏大，这种误差可以通过增加训练样本数量来减小。分析可知 BP 神经网络对于制孔质量具有一定的预测作用，同理，也可基于该模型，优选 CFRP+Al 不同叠层类型的制孔工艺参数。

3）验证试验

使用超景深三维显微镜（VHX-500F）观测 159 号样本与 158 号样本的出口表面形貌，如图 5.34 所示，以此来验证 BP 神经网络对制孔质量预测性能的准确性。

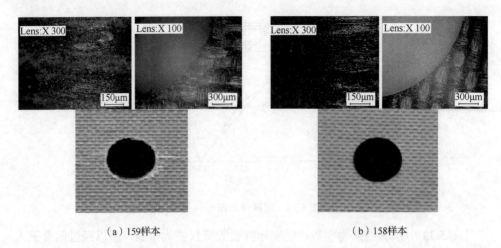

（a）159样本   （b）158样本

图 5.34   孔出口形貌图

从图 5.34 中明显看出，159 样本相对于 158 号样本在孔出口处有明显的撕裂和轻微分层损伤。CFRP 分层与钻孔轴向推力有重要关系，当钻刃接近出口平面时，切削分层的刚度不能承受轴向推力，因此，在孔周围的碳纤维材料与内部基体的接合处产生分离或撕裂。图 5.35 为用于分析复合材料分层的钻削 CFRP 圆板模型，图 5.36 为用于评价复合材料孔周边缺陷的 CFRP 表面损伤示意图。

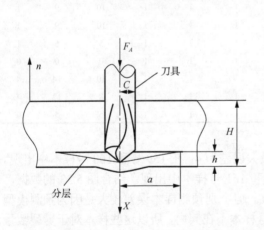

图 5.35   钻削 CFRP 圆板模型

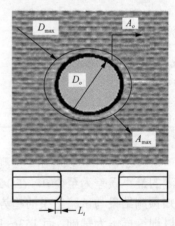

图 5.36   CFRP 表面损伤示意图

如图 5.35 所示，半径为 C 的钻头将载荷施加到圆盘中心，F_A 表示推力，X 表示位移，H 表示厚度，h 表示刀具下方未切割层的厚度，a 表示分层范围的半径。假设每一层的复合材料是各向同性的，则可以根据线性弹性断裂力学和能量守恒定律[6]获得方程为

$$G_{IC} dA = F_A X - dU \tag{5.15}$$

式中，$dA = 2\pi a \cdot da$ 为裂纹的增长面积；G_{IC} 为试验测得的裂纹传播能量；U 为储

存的应变能，可以采用经典薄板理论[6]计算得出

$$U = \frac{8\pi M X^2}{a^2} \qquad (5.16)$$

式中，M 为每单位宽度的 CFRP 的刚度，其表达式为

$$M = \frac{Eh^3}{12(1-v^2)} \qquad (5.17)$$

其中，v 为泊松比，E 为杨氏模量。则位移 X 的表达式为

$$X = \frac{F_A a^2}{16\pi M} \qquad (5.18)$$

将式（5.16）代入式（5.15）中，可求得临界轴向推力为

$$F_A = \pi \left[\frac{8 G_{IC} E h^3}{3(1-v^2)} \right]^{\frac{1}{2}} \qquad (5.19)$$

式（5.19）中的 h 可以通过 $\dfrac{\partial F_A}{\partial h} = 0$ 求得[15]，表达式为

$$h = \left(\frac{1-v^2}{4 G_{IC} E} \right)^{\frac{1}{2}} \qquad (5.20)$$

如图 5.36 所示，当 F_d 为分层因子，F_{da} 为调整分层因子，D_o 为钻头直径，$D_{\max}$ 为最大分层直径，$A_{\max}$ 为损伤面积，A_o 为 D_o 相对应面积，α 和 β 表示权重（$\alpha = 1-\beta$），则有

$$F_{da} = \alpha \frac{D_{\max}}{D_o} + \beta \frac{A_{\max}}{A_o} \qquad (5.21)$$

L_{ci} 为撕裂长度，则全局损伤 L_c 和分成因子 F_d 分别为

$$\begin{cases} L_c = \displaystyle\sum_{ci=1}^{N} L_{ci} \\ F_d = \dfrac{D_{\max}}{D_o} \end{cases} \qquad (5.22)$$

当刀具钻出 CFRP 的表面时，在轴向力和切削刃的作用下 CFRP 受到挤压，并且初始阶段在孔的边缘形成裂纹[17]。随着加工的进行，要切割材料的厚度变薄，刚度降低，并且裂纹逐渐扩大，钻头中心的表面纤维断裂。摩擦力的作用下，在工件的出口处产生更大的剪切应力。最终，裂纹形成了撕裂范围，这是 CFRP 制孔中最常见的缺陷。八面复合钻制孔所需的推力较小，从理论上进一步证明了孔出现分层和撕裂的概率也相对较低，这也与试验结果一致。但是，在相同切削条件下影响钻削力大小的钻削工具的几何参数也会影响分层缺陷的产生。表 5.15 列出了部分经过验证的优化参数。

表 5.15　验证的优化参数

优化编号	每转进给量/(mm/r)	主轴转速/(r/min)	钻头直径/mm	CFRP(3mm)	Al(2mm)	CFRP(3mm)	Al(2mm)	支撑垫板	缺陷孔预测值
P1001	0.007	5500	6.35	1	1	0	0	0	0
P1002	0.02	3300	4.83	0	1	1	0	1	0
P1003	0.04	7000	3.26	0	1	1	1	0	0
P1004	0.007	7000	7.94	1	1	1	0	1	0

注：0 表示不无垫板，1 表示有垫板

经过试验，测量铝合金和 CFRP 孔径，铝合金孔径最大的公差可以满足 H7 的要求，而 CFRP 孔径最大的公差也可以满足 H9 的要求，并且孔的表面粗糙度 Ra 低于 3.2μm，即 BP 神经网络模型对于制孔质量具有较好的预测作用，基于该模型可以对制孔工艺参数进行优选。这大大缩短了 7050 铝合金/CFRP 叠层材料制孔工艺的开发周期。

归纳铝合金/CFRP 叠层材料制孔试验可知，采用 8-14-1 三层拓扑结构的 BP 神经网络模型，以每转进给量、转速、钻头直径、垫板和四种组合叠层类型为输入参数，以孔的撕裂数量为输出层参数，构建了制孔质量预测模型，经试验验证，该模型具有较好的预测作用。

值得注意的是，在制孔的过程中，钻头刀刃的开裂，断裂或过度磨损会导致试验设备的工作噪声大大增加，而 CFRP 会过热，轴向力也会增加。因此，在使用 BP 神经网络模型预测的工艺参数组合对叠层材料进行制孔时，必须注意这些异常工作现象。

■ 5.4　本章小结

本章根据制孔末端执行器制孔应用需要，分析了钻孔机理，并对铝合金叠层材料制孔和铝合金/CFRP 叠层材料制孔工艺开展了研究。基于响应面法对 6061 铝合金和 2024 铝合金叠层材料进行了试验研究，分析了主轴转速、每转进给量和压紧力三个参数的出口、入口毛刺高度的影响程度，优选工艺参数组合并经试验验证，得到较佳工艺参数为主轴转速 2750r/min、进给速度 0.13mm/s、压紧力 375N、制孔后铝合金的出口、入口毛刺高度均符合技术指标要求，且孔表面均匀性好，无明显加工缺陷；使用 BP 神经网络算法，采用 8-14-1 三层拓扑结构，对 7050 铝合金和 T300 级碳纤维材质的 CFRP 进行制孔研究，以每转进给量、转速、钻头直径、垫板和四种组合叠层类型为输入参数，以孔的撕裂数量为输出层参数，建立了制孔质量的预测模型，经试验验证，预测结果与试验结果一致，即 BP 神经网络模型对于制孔质量具有较好的预测作用，可以用于优选制孔工艺参数组合。

参考文献

[1] 庞丽君，尚晓峰. 金属切削原理[M]. 北京：国防工业出版社，2009.

[2] Elhachimi M, Torbaty S, Joyot P. Mechanical modelling of high speed drilling.1: predicting torque and thrust[J]. International Journal of Machine Tools and Manufacture, 1999, 39:553-568.

[3] 王明海，刘明辉，徐颖翔，等. 不同工艺对碳纤维复合材料制孔的影响[J]. 组合机床与自动化加工技术，2015（9）：125-128.

[4] 唐晓亮，李勋. 碳纤维复合材料制孔新工艺及实验研究[J]. 航空精密制造技术，2013，49（1）：30-33.

[5] 李凤全. 碳纤维复合材料制孔缺陷及对策的试验研究[D]. 大连：大连理工大学，2008.

[6] Davim J P. 复合材料制孔技术[M]. 陈明，安庆龙，明伟伟，译. 北京：国防工业出版社，2013.

[7] 高巍. 基于 BP 人工神经网络的军事工程投资评价[J]. 军事经济研究，2012（2）：43-45.

[8] 左燕霞，徐振辞，聂建中，等. 基于 BP 神经网络模型的用水量预测研究[J]. 灌溉排水学报，2007（S1）：97-98.

[9] 韩力群，施彦. 人工神经网络理论及应用[M]. 北京：机械工业出版社，2017.

[10] 王锦，赵德群. 遗传 BP 神经网络在超市大米日销售预测中的应用[J]. 信息与电脑，2018，415（21）：47-49.

[11] Page V, Cheng H, Shenton T, et al. Neural network prediction of engine performance for second pulse fire/no fire decision making in dual pulse laser ignited engines[J]. Plant Cell, 2015, 16(6):1365-1377.

[12] 王小川. MATLAB 神经网络 43 个案例分析[M]. 北京：北京航空航天大学出版社，2013.

[13] 王嵘冰，徐红艳，李波，等. BP 神经网络隐含层节点数确定方法研究[J]. 计算机技术与发展，2018，28（4）：31-35.

[14] Tang J J, Liu F, Zou Y J, et al. An improved fuzzy neural network for traffic speed prediction considering periodic characteristic[J]. IEEE Transactions on Intelligent Transportation Systems, 2017, 18(9):2340-2350.

[15] 刘洋，李鹏南，陈明，等. 采用 BP 神经网络预测碳纤维增强树脂基复合材料的钻削力[J]. 机械科学与技术，2017，36（4）：586-591.

[16] Han Q N, Hao Y L, Liu Z P, et al. Prediction of the angular velocity of GFSINS by BP neural network[J]. Journal of Huazhong University of Science and Technology, 2011, 39(3):115-119.

[17] 戴维姆. 复合材料加工技术[M]. 安庆龙，陈明，宦海祥，译. 北京：国防工业出版社，2016.

第 6 章

机器人铣孔机理及试验

传统钻削制孔的方式是一个连续切削的过程，散热较差，面对复合材料和钛合金等难加工材料，加工产生的热量会加剧刀具的磨损，进而会影响刀具的寿命和孔的加工精度[1]。为了满足技术指标要求，传统的精密制孔过程一般需要经过钻孔、铰孔、锪孔、去毛刺等工序，多存在效率较低、制孔质量不稳定、加工成本高等缺点，且当制孔的规格比较多时，需要频繁更换刀具，使得孔的位置精度和形状精度降低，效率也进一步下降。因螺旋铣削属于非连续加工，既可以实现一把刀具加工一系列直径孔，又可以有效降低温升，延长刀具使用寿命。本章基于螺旋铣孔末端执行器制孔应用需求，为解决难加工材料制孔难题，提出了螺旋铣孔方案，针对 TC4 钛合金和厚截面 CFRP 铣孔开展了相关机理研究和试验研究。

■ 6.1 螺旋铣孔运动分析

螺旋铣孔是基于铣削加工方式出现的一种全新制孔方式[2]，加工原理如图 6.1 所示。螺旋铣孔加工不是一个连续的运动过程，其可以分解为两个运动，一是刀具沿轴向的向下进给运动，二是刀具周向的进给运动，而周向进给运动主要与刀具自身的旋转运动和刀具绕孔轴线的公转运动有关。

研究螺旋铣孔的动力学行为时，在一个微小的切削过程中，进给路径可以看作稳定的直线运动，因此螺旋铣孔微段切削可以看作普通的铣削过程[3]。螺旋铣孔加工原理如图 6.2 所示。假设主轴自转速度为 $n(\mathrm{r}/\min)$，公转速度为 $n_p(\mathrm{r}/\min)$，那么相应的角速度分别为

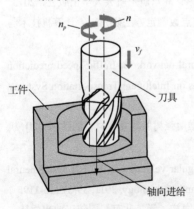

图 6.1　螺旋铣孔加工原理

$$\begin{cases} \omega = 2\pi n / 60 \\ \omega_p = 2\pi n_p / 60 \end{cases} \tag{6.1}$$

式中，ω 为刀具自转角速度，rad/s；ω_p 为刀具公转角速度，rad/s。

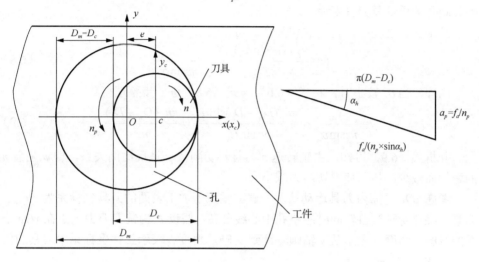

图 6.2　螺旋铣孔过程中偏心和顶角示意图

此外，设 z 为刀具齿数，刀具直径为 $D_c(\text{mm})$，待制孔的直径为 $D_m(\text{mm})$，$a_p(\text{mm/r})$ 为公转轴向进给量（切深），因此轴向进给速度 $v_f(\text{mm/min})$ 为

$$v_f = a_p \cdot n_p \tag{6.2}$$

n 与 n_p 的转动方向相反，则轴向每齿进给量 $f_a(\text{mm/齿})$ 为

$$f_a = 60f / [(n - n_p) / z] \tag{6.3}$$

刀具中心螺旋角 α_h 为刀具公转一周所下降的角度，而三角形的斜边，即刀具中心的路径，那么刀具中心的进给速度 $f_c(\text{mm/min})$ 表达式如下：

$$f_c = \frac{v_f}{n_p \cdot \sin \alpha_h} \cdot n_p = \frac{v_f}{\sin \alpha_h} \tag{6.4}$$

螺旋铣孔加工中，当 $\alpha_h \leqslant 5°$ 时，可以近似看作 $\tan \alpha_h \approx \alpha_h \approx \sin \alpha_h$，则有以下表达式：

$$\begin{cases} \tan \alpha_h = v_f / \left[\pi(D_m - D_c) \cdot n_p \right] \\ f_c = v_f / \sin \alpha_h = \pi(D_m - D_c) \cdot n_p \end{cases} \tag{6.5}$$

刀具中心每齿进给量 $s_t(\text{mm/齿})$ 可以表示为

$$s_t = \frac{f_c}{nz} = \frac{\pi(D_m - D_c) \cdot n_p}{nz} \tag{6.6}$$

刀具周向每齿进给量 $s_p(\text{mm/齿})$ 为

$$s_p = \pi D_m \cdot n_p / (nz) \tag{6.7}$$

从式（6.6）和式（6.7）可以看出，当刀具和孔的直径确定后，每齿进给量只与自转和公转速度有关。对于螺旋铣孔来说，每齿进给量是一个关键的参数，影响着制孔的质量及刀具寿命。

切削加工过程中，材料的切削量 ψ 可以表示为

$$\psi = \frac{v_f / (n_p \sin\alpha_h)}{nz} \cdot n_p = \frac{v_f}{nz\sin\alpha_h} \tag{6.8}$$

同理，当 α_h 较小时，将式（6.6）与式（6.8）进一步整理得

$$\psi = \frac{v_f}{nz\sin\alpha_h} = \frac{\pi n_p (D_m - D_c)\sin\alpha_h}{nz\sin\alpha_h} = \frac{\pi n_p (D_m - D_c)}{nz} \tag{6.9}$$

分析式（6.9）可知，主轴转速 n 与材料切削量 ψ 呈反比例关系，即 ψ 随着 n 的增加而减少，从而使得切削力减小。

考虑 xOy 平面内刀具运动情况，建立垂直于加工表面的刀具坐标系为 $x_c cy_c$，刀具在绕自身轴线自转同时围绕孔中心线公转，假设 P 为铣刀刀尖一点在 xOy 平面的投影，角度 α 表示从 y 轴顺时针到 y_c 轴，角度 β 表示工件坐标系中刀具的位置，如图6.3所示。

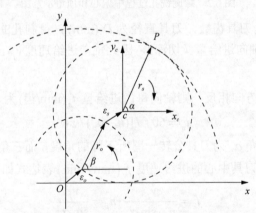

图6.3 螺旋铣孔过程中角度关系

在 t 时刻，P 点在 xOy 坐标系坐标值为

$$\begin{cases} x(t) = (\varepsilon_0 + r_0) \cdot \cos\beta + (\varepsilon_s + r_s) \cdot \cos\alpha \\ y(t) = (\varepsilon_0 + r_0) \cdot \sin\beta - (\varepsilon_s + r_s) \cdot \sin\alpha \\ z(t) = -v_f t + h_0 \end{cases} \tag{6.10}$$

式中，t 为时间；ε_0 为公转时轴线的偏心量；ε_s 为自转时的轴线的偏心量；r_0 为理论公转半径；r_s 为理论刀具半径；h_0 为轴向初始坐标值；v_f 为轴向进给速度。忽略偏心量影响时，ε_0 和 ε_s 取值为0。

在 $t=0$ 时，公转角度 $\beta=0$ ，而自转角度 α 等于初始角度 α_0 ，当自转速度为 n ，公转速度为 n_p ，则有

$$\begin{cases} \alpha = \alpha_0 + \dfrac{2\pi n_p}{60}t \\ \beta = \dfrac{2\pi n}{60}t \end{cases} \tag{6.11}$$

将式（6.11）代入式（6.12）可以得到 t 时刻铣刀刀尖上任意点 P 的坐标为

$$\begin{cases} x(t) = r_0 \cdot \cos\dfrac{2\pi nt}{60} + r_s \cdot \cos\left(\alpha_0 + \dfrac{2\pi n_p}{60}t\right) \\ y(t) = r_0 \cdot \sin\dfrac{2\pi nt}{60} - r_s \cdot \sin\left(\alpha_0 + \dfrac{2\pi n_p}{60}t\right) \\ z(t) = -v_f t + h_0 \end{cases} \tag{6.12}$$

设向量 $S=[t,r_0,r_s,\alpha_0,h_0,n,n_p,f]^{\mathrm{T}}$ ，可以看出向量 S 决定了 P 点的坐标。对方程（6.12）中的变量进行赋值就可以得到螺旋铣削运动时铣刀的轨迹方程，具体如下。

（1）刀尖为铣刀上端刃与侧刃的交点。刀尖处满足 $r_s = D_c/2 = R_c$ ， $h_0=0$ ，代入方程并简化后，则有

$$\begin{cases} x(t) = r_0 \cdot \cos\dfrac{\pi nt}{30} + R_c \cdot \cos\left(\alpha_0 + \dfrac{\pi n_p}{30}t\right) \\ y(t) = r_0 \cdot \sin\dfrac{\pi nt}{30} - R_c \cdot \sin\left(\alpha_0 + \dfrac{\pi n_p}{30}t\right) \\ z(t) = -v_f t \end{cases} \tag{6.13}$$

（2）端刃可以看作其上一系列点的集合，且满足 $0 \leqslant r_s \leqslant R_c$ ， $h_0=0$ ，其方程如下：

$$\begin{cases} x(t) = r_0 \cdot \cos\dfrac{\pi nt}{30} + r_s \cdot \cos\left(\alpha_0 + \dfrac{\pi n_p}{30}t\right) \\ y(t) = r_0 \cdot \sin\dfrac{\pi nt}{30} - r_s \cdot \sin\left(\alpha_0 + \dfrac{\pi n_p}{30}t\right) \\ z(t) = -v_f t \end{cases} \tag{6.14}$$

（3）侧刃也可以看作其上一系列点的集合，且满足 $-v_f t \leqslant h_0 \leqslant 0$ ， $r_s = R_c$ ，其方程如下：

$$\begin{cases} x(t) = r_0 \cdot \cos\dfrac{\pi nt}{30} + r_s \cdot \cos\left(\alpha_0 + \dfrac{\pi n_p}{30}t\right) \\[2mm] y(t) = r_0 \cdot \sin\dfrac{\pi nt}{30} - r_s \cdot \sin\left(\alpha_0 + \dfrac{\pi n_p}{30}t\right) \\[2mm] z(t) = -v_f t + h_0 \end{cases} \qquad (6.15)$$

利用 Python 软件对运动方程进行导入，输入与向量 S 相应的参数值，可以生成刀尖、端刃和侧刃的运动轨迹。当用 ϕ4mm 铣刀螺旋铣削 ϕ5mm 孔时，其相应参数为 $r_0 = 0.5\text{mm}$，$R_c = 2\text{mm}$，$n = 2200\text{r/min}$，$n_p = 90\text{r/min}$，$\alpha_0 = 0$，$v_f = 9\text{mm/min}$，轨迹仿真结果如下。

（1）绘制 $t = 0$ 至 $t = 1\text{s}$，其中一个刀尖的轨迹曲线如图 6.4 所示。

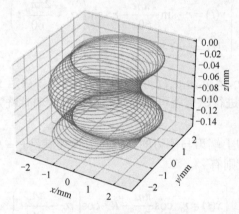

图 6.4   刀尖三维轨迹

制直径 5mm 孔，采用螺旋铣削的方式可以使用不同直径的铣刀，使用直径为 2.5mm、3mm 和 4mm 四刃铣刀时，刀尖在 x-y 平面的投影如图 6.5 所示。

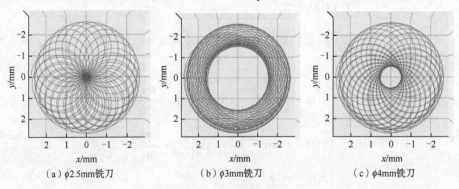

（a）ϕ2.5mm铣刀   （b）ϕ3mm铣刀   （c）ϕ4mm铣刀

图 6.5   刀尖轨迹投影

从图 6.5 中可以看出，因制孔的直径相同，随着刀具直径的增加，偏心距值在逐渐降低，使用 ϕ2.5mm 铣刀时，$r_0 = R_c$，刀尖轨迹分布在整个加工平面；随着铣刀直径的增加，刀尖轨迹分布区域在逐渐减小。螺旋铣孔过程中，刀尖位于端刃的最外端，在端刃其切削速度最大，而端刃足够高的铣削速度可以降低切削力，是保证表面加工质量的重要因素。而过低的切削速度会增大切削力，并影响加工后的表面质量。当铣刀直径逐渐增加后，偏心距在逐渐降低，刀尖轨迹分布区域的减小，意味着很多刀尖无法到达的区域端刃的切削速度也都会减小，距离刀具中心的端刃切削速度最低。当偏心距为 0 时，刀具中心处端刃的切削速度也为 0，螺旋铣削成了钻削加工，螺旋铣削的特点将无法得到发挥。单独比较图 6.5 中的三种铣刀轨迹，可以看出 ϕ2.5mm 刀具最佳，但是考虑到刀具偏心以及公转偏心可能带来的因素影响，在实际加工过程中，刀具的直径一般是孔径的55%～90%[4]，即不能选用 ϕ2.5mm 刀具。考虑到刀具刚度对制孔直径和制孔表面质量的影响，使用 ϕ4mm 铣刀较 ϕ3mm 铣刀制孔更具优势。

（2）选择 ϕ4mm 四刃铣刀的一个端刃，绘制 $t = 0 \sim 1s$ 所扫过的曲面如图 6.6 所示。

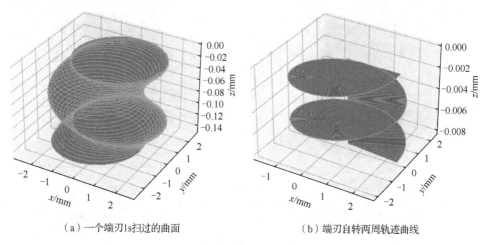

（a）一个端刃1s扫过的曲面　　　　　（b）端刃自转两周轨迹曲线

图 6.6　端刃三维轨迹

从图 6.6 中可以看出，端刃的切削运动是连续的螺旋面，结合前面铣刀直径分析可知，端刃在整个螺旋铣削的过程中，不会出现切削速度为 0。因为使用的是四刃铣刀，所以相邻两个端刃轨迹曲面之间相位相差 90°，所夹的部分是第二个切削刃加工时切除的部分，即端刃的未变形切屑是等厚的，分析可知其厚度值为刀具的轴向每齿进给量 f_{at}。参照式（6.3），得出 f_{at} 与轴向进给速度 v_f 之间的关系，则材料去除体积 $V_E(\text{mm}^3)$ 可以表示为

$$V_E = \pi R_c{}^2 \cdot \frac{v_f}{n_p} = \pi \frac{v_f R_c^2}{n_p} \tag{6.16}$$

而在公转一周时制孔所去除的总材料体积 $V_B(\text{mm}^3)$ 为

$$V_B = \pi R_m{}^2 \cdot \frac{v_f}{n_p} = \pi \frac{v_f R_m{}^2}{n_p} \qquad (6.17)$$

由式（6.16）和式（6.17）可知端刃去除材料的占比：

$$\frac{V_E}{V_B} = \left(\frac{D_c}{D_m}\right)^2 \qquad (6.18)$$

代入参数后，端刃去除材料的占比为 16 : 25。从公式可以看出，制孔直径不变时，刀具的直径越大，端刃所切削去除材料量就越多。研究表明，端刃去除量减小会使制孔时的轴向力降低，这也是螺旋铣孔相对钻孔而言的；而刀具的直径过小时，再加上侧刃材料去除量占比的提高，会加剧刀具的变形，从而影响孔径等结构参数以及降低了制孔后表面质量。

（3）选择 ϕ4mm 四刃铣刀的一个侧刃，绘制 $t = 0 \sim 1\text{s}$ 所扫过的曲面如图 6.7 所示。

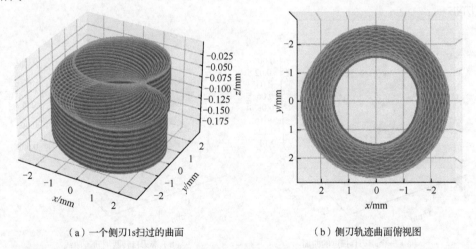

（a）一个侧刃1s扫过的曲面　　　　　（b）侧刃轨迹曲面俯视图

图 6.7　侧刃三维轨迹

可以看出，与端刃切削不同，螺旋铣孔过程中，侧刃的切削是断续的。

（4）侧刃与对应的一个端刃运动轨迹合并，可得未变形切屑仿真图，如图 6.8 所示。

从图 6.8（a）中可以看出，自转一周，连续切削的端刃形成的未变形切屑形状为圆片状整体，而断续切削的侧刃使得未变形切屑呈现不等厚的月牙形状，这些切屑可以从刀具与孔间的空隙中排出，可以提高孔表面质量也有利于散热。分析图 6.8（b）可知其最厚处为侧刃的每齿切向进给量。未变形切屑的最高值为刀具公转一周的轴向进给量与轴向每齿进给量的差值。

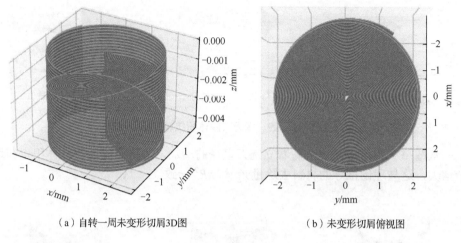

（a）自转一周未变形切屑3D图　　　　　　　　　（b）未变形切屑俯视图

图 6.8　未变形切屑仿真

6.2　材料去除分析

目前螺旋铣孔仍然主要使用立铣刀，在加工时，立铣刀的侧刃和端刃都参与材料的切削，侧刃和端刃的材料去除比例 G 与铣刀的直径以及孔径有关，根据式（6.18）可知

$$G = \frac{V_B - V_E}{V_E} = \frac{D_m^2 - D_c^2}{D_c^2} \tag{6.19}$$

可以看出，铣刀侧刃与端刃的切削材料比例只与铣刀直径以及孔径有关，而与进给速度、自转转速和公转转速等因素无关。当制孔的直径一定时，使用的铣刀直径越大，偏心距越小，G 越小；当偏心距为 0 时，侧刃不参与切削，只有端刃参与切削，此时的制孔过程与钻孔情况相同。而使用直径较小铣刀时，偏心距大，G 也增加，端刃的材料去除量减小。合理选择立铣刀的直径，可以发挥螺旋铣削制孔的优势，又可降低侧刃的磨损速度，因此针对 G 的研究，对螺旋铣孔工艺参数规划有显著影响。

针对 2mm 厚的材料，进给速度 v_f 固定时，分别使用直径为 2.5mm、3mm 和 4mm 四刃立铣刀螺旋铣削 ϕ5mm 孔。通过 SolidWorks 软件对螺旋铣孔进行模拟，具体步骤为：对立铣刀端刃进行自转形成刀刃实体，然后沿刀具中心的运动轨迹进行扫描，即可得到端刃去除材料的体积模型；对制孔去除的材料整体进行建模，通过布尔运算减去端刃去除材料体积，即可得到侧刃去除材料的体积模型。端刃与侧刃去除材料的体积形貌如图 6.9 和图 6.10 所示。

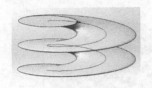  

（a）ϕ2.5mm 立铣刀　　　　（b）ϕ3mm 立铣刀　　　　（c）ϕ4mm 立铣刀

图 6.9　端刃去除体积比较

从图 6.9 中可以看出，随着立铣刀直径的增加，端刃去除的材料体积也在逐渐增大，这与理论推导的材料去除量 $V_E = 2\pi R_c^2$ 一致。

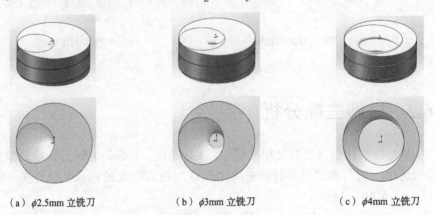

（a）ϕ2.5mm 立铣刀　　　　（b）ϕ3mm 立铣刀　　　　（c）ϕ4mm 立铣刀

图 6.10　侧刃去除体积比较

从图 6.10 中可以看出，随着立铣刀直径的增加，侧刃去除的材料体积在逐渐减小，侧刃切削比例过大，会加快刀具磨损，从而影响孔表面的加工质量。

利用 SolidWorks 软件的评估功能得到体积数值，计算模拟的材料去除比例 G_s 与理论计算值 G_t（计算时 π 取 3.14）相比较，结果如表 6.1 所示。

表 6.1　侧刃和端刃的材料去除比例 G 对比表

立铣刀直径 /mm	模拟值			理论计算值	计算误差
	侧刃去除量/mm³	端刃去除量/mm³	G_s	G_t	$[(G_t-G_s)/G_t]$/%
2.5	29.419	9.831	2.992	3	0.3
3	25.100	14.150	1.774	1.778	0.2
4	14.109	25.141	0.561	0.563	0.4

从表中可以看出 SolidWorks 软件模拟的误差不超过 0.4%，说明模拟方法具有可行性。分析误差的来源主要是模拟过程中将刀具自转形成了实体进行扫描，这与实际加工过程并不完全相符。

■ 6.3　切削力与切削温度分析

切削力和切削温度是螺旋铣削制孔过程中的重要过程参数,对制孔精度和孔表面质量、刀具耐用度和机床动力消耗等都有极大的影响[5]。研究螺旋铣削制孔过程中切削力和切削温度的变化规律,可以为制孔参数优化选择提供指导,在保证制孔质量的前提下,提升制孔效率、降低能耗并延长刀具使用寿命[6]。Abaqus是工程模拟有限元软件,它既可以分析复杂的固体力学结构力学问题,也能够分析模拟高度非线性问题。本节以 TC4 钛合金螺旋铣削为例,基于 Abaqus 软件对切削力等进行建模,研究铣削工艺参数对切削力和切削温度的影响规律[7]。工件尺寸为 10mm×10mm×2mm,使用材质为 YG8 的 ϕ4mm 四刃立铣刀,待铣孔直径为 5mm。

6.3.1　仿真过程

1.　模型的建立与网格划分

Abaqus 有限元模型建模的方式一般有两种:第一种,通过三维绘图软件进行建模,例如使用 SolidWorks、UG、ProE 等,再将建好的零件导入 Abaqus 中;第二种,用 Abaqus 自带的模块直接建立模型。本节所使用刀具的曲面比较多,而且较为复杂,因此使用 SolidWorks 软件绘制铣刀模型,而工件模型较为简单,使用 Abaqus 自带的 Part 模块建模,建模后将刀具和工件按照拟加工时的位置关系进行装配。将装配模型导入 Abaqus,在 Mesh 模块划分网格,仿真中,网格数量越少计算速度越快[8],为了简化计算量又不影响计算精确度,本次仿真对工件进行了处理切分。在需要切除的工件部分以外划分出粗大网格,减少网格数量;在需要切除的部分细化网格,保证计算精度。因此,模型局部网格的边长定义为 0.1mm,工件的网格类型为正六面体[9],铣刀采用四边形自由网格,划分好网格的模型如图 6.11 所示。

2.　接触与边界条件设置

由于分析类型为热力耦合,因此,既设置了机械接触,也设置了热接触。在设置接触时,选用通用接触,在通用接触中选择 Tangential Behavior 并采用罚函数(penalty function),罚函数中的摩擦系数设为 0.3。在通用接触中再次选择 Normal Behavior,并采用硬接触。刀具与铝合金间的接触类型为面-面接触（surface-to-surface contact）,如图 6.12 所示。

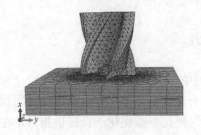 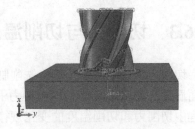

图 6.11　网格模型　　　　　　　　图 6.12　定义接触条件

3. 材料属性定义

在 Abaqus 中需要独立创建材料，并分别将材料赋予工件和刀具。而进行有限元分析的前提是建立正确的材料本构模型。材料的本构模型又称为材料的力学本构方程，指的是建立材料的应力张量和应变张量之间的数学方程式，它是描述材料的力学特性（应力-应变-强度-时间关系）的数学表达式。用于金属材料切削仿真的本构模型主要有 Johnson-Cook（J-C）模型、Follansbee-Kocks 模型、Bodner-Paton 模型等[10]。由于制孔过程中，钛合金与刀具相互摩擦产生大量的热，钛合金会发生一定的塑性变形。因此，本节中选用 J-C 模型作为钛合金的本构模型。

在 J-C 塑性模型中使用相关流动的 von Mises 屈服面。J-C 硬化是各向同性硬化的特殊种类，其中假定静态屈服应力 σ^0 的表达式是

$$\sigma^0 = \left[A + B(\bar{\varepsilon})^n \right] (1 - \hat{\theta}^m) \tag{6.20}$$

式中，$\bar{\varepsilon}$ 为等效塑性应变 $\bar{\varepsilon} = \varepsilon / \varepsilon_0$，$\varepsilon$ 为真应变，ε_0 为参考应变；A、B、n 和 m 为在转变温度 θ_{trans} 或以下测量的材料参数；$\hat{\theta}$ 为无量纲温度，其公式为

$$\hat{\theta} = \begin{cases} 0, & \theta < \theta_{\text{trans}} \\ \dfrac{\theta - \theta_{\text{trans}}}{\theta_{\text{melt}} - \theta_{\text{trans}}}, & \theta_{\text{trans}} \leqslant \theta \leqslant \theta_{\text{melt}} \\ 1, & \theta > \theta_{\text{melt}} \end{cases} \tag{6.21}$$

其中，θ 为当前温度，θ_{melt} 为熔化温度，θ_{trans} 为定义的转变温度，在转变温度或以下，屈服应力的表达式没有温度相关性。

J-C 应变率相关性假设：

$$\begin{cases} \bar{\sigma} = \sigma^0(\bar{\varepsilon}, \theta) R(\dot{\bar{\varepsilon}}) \\ \dot{\bar{\varepsilon}} = \dot{\varepsilon}_0 \exp \left\{ \dfrac{1}{C} \left[R(\dot{\bar{\varepsilon}}) - 1 \right] \right\}, \ \bar{\sigma} \geqslant \sigma^0 \end{cases} \tag{6.22}$$

式中，$\bar{\sigma}$ 为非零应变率时的屈服应力；$\dot{\varepsilon}_0$ 为参考应变率；C 为转变温度 θ_{trans} 或以下测得的材料参数；$\sigma^0(\bar{\varepsilon}, \theta)$ 为静态屈服应力；$\dot{\bar{\varepsilon}}$ 为等效塑性应变率；$R(\dot{\bar{\varepsilon}})$ 为非零应变率时的屈服应力与静态屈服应力的比值（所以（ $R(\dot{\varepsilon}_0) = 1.0$ ）。于是，屈服应力的表达式为

$$\bar{\sigma} = \left[A + B(\bar{\varepsilon})^n \right] \left[1 + C\ln\left(\frac{\dot{\bar{\varepsilon}}}{\dot{\varepsilon}_0}\right) \right] (1 - \hat{\theta}^m) \tag{6.23}$$

J-C 动态失效模型是基于单元积分点处的等效塑性应变值而建立的，假定损伤参数超过 1 时发生失效[11]。定义损伤参数 ζ 为

$$\zeta = \sum \left(\frac{\Delta\bar{\varepsilon}}{\bar{\varepsilon}_f} \right) \tag{6.24}$$

式中，$\Delta\bar{\varepsilon}$ 为等效塑性应变的一个增量；$\bar{\varepsilon}_f$ 为失效时的应变，并且对分析中的所有增量进行求和。假定失效时的应变 $\bar{\varepsilon}_f$ 取决于无量纲的塑性应变率 $\dot{\bar{\varepsilon}}/\dot{\varepsilon}_0$，无量纲的压力与偏应力之比 p/q（其中 p 为压应力，q 为 von Mises 应力），并在 J-C 硬化模型的初始阶段进行定义[12]。假定相关性是分离的并具有以下形式：

$$\bar{\varepsilon}_f = \left[d_1 + d_2\exp\left(d_3\frac{p}{q} \right) \right] \left[1 + d_4\ln\left(\frac{\dot{\bar{\varepsilon}}}{\dot{\varepsilon}_0} \right) \right] (1 + d_5\hat{\theta}) \tag{6.25}$$

式中，$d_1 \sim d_5$ 为在转变温度 θ_{trans} 或其以下测得的失效参数。

综合考虑材料的应变硬化，应变速率强化以及热软化效应对工件材料硬化的影响[13]，本节选择了将 J-C 剪切失效模型与 J-C 本构方程配合使用。TC4 钛合金材料组成为 Ti6Al4V，其本构参数和失效参数分别如表 6.2 和表 6.3 所示。仿真中所使用的 YG8 硬质合金铣刀，具有硬度高、抗压强度高、导热性及耐磨性好等特性[14]，可用于高速切削，且加工精度和效率较高，TC4 与 YG8 的性能参数如表 6.4 所示。

表 6.2　TC4 J-C 本构参数

A/MPa	B/MPa	m	n	T_M/℃	T_T/℃	C
860	331	0.8	0.03	20	1580	0.03

表 6.2 中，A 为材料初始屈服强度；B 为硬化系数；m 为热软化系数；n 为应变硬化系数；C 为应变率系数；T_M 为材料的熔化温度；T_T 为转变温度。

表 6.3　TC4 J-C 失效参数

d_1	d_2	d_3	d_4	d_5
−0.09	0.25	−0.5	0.014	3.86

表 6.4　TC4 和 YG8 性能参数

材料	密度/(g/mm³)	杨氏模量/MPa	比热容	导热系数	泊松比
TC4	4.42e-3	110000	5.8e+8	7.3	0.41
YG8	15e-3	800000	2.2e+8	74.5	0.22

仿真中通过位移分离法则来判断切屑是否分离，其中位移是指刀刃与材料单元的相对位移，单元的节点位移达到断裂失效位移时，则认为单元失效。

6.3.2 试验装置

图 6.13 为验证试验装置，主要包括鞍山上腾远航机床设备有限公司的 L850 数控加工中心、三轴力采集系统和测温系统等。

图 6.13　验证试验装置

测温系统由 K 型热电偶传感器、KOU-INx 信号采集器、GLUSB-485-1 信号转换器、24V 稳压电源以及负责数据接收和处理的电脑等组成。稳压电源为信号采集器提供持续稳定的电压，K 型热电偶传感器对制孔过程中的温度变化进行检测，KOU-INx 信号采集器采集温度信息，GLUSB-485-1 信号转换器把采集来的信号转换后通过 USB 接口送至电脑，利用电脑上的专用软件对接收数据进行统计处理。K 型热电偶测温系统组成如图 6.14 所示。

图 6.14　K 型热电偶测温系统组成

　　为了测试测温系统的准确性，将带有 K 型热电偶的工件置于控温精度为±1℃ 的恒温仪上进行测温对比试验，温度测量校准数据如表 6.5 所示。

表 6.5　温度测量校准数据

恒温仪设定值/℃	热电偶测量值/℃	误差/℃	恒温仪设定值/℃	热电偶测量值/℃	误差/℃
40	47.5	7.5	140	145.4	5.4
60	68.4	8.4	160	168.3	8.3
80	87.3	7.3	180	186.1	6.1
100	110.1	10.1	200	207.6	7.6
120	124.7	4.7			

　　表 6.5 中，热电偶测量值与恒温仪设定值最大相差 10.1℃，最小相差 4.7℃， 测温系统基本能表征恒温仪的温度，对测温数据进行补偿后，可以得到实际温度。

6.3.3　结果与讨论

　　通过有限元软件对 TC4 的螺旋铣孔过程进行仿真模拟，可以得到等效应力、 应变和温度等相关数据，基于这些数据，分析加工过程中的切削力和切削温度的 分布规律和变化趋势，结合技术要求以及刀具和工件材料属性[15]，可从中优选较 佳的工艺参数组合。为了验证切削力和切削温度模型的有效性，首先需要将模拟 结果与试验结果进行比较，然后分析刀具转速、轴向进给量和公转速度的影响程 度。仿真参数如表 6.6 所示。

表 6.6　仿真参数

组别	刀具转速/(r/min)	轴向进给量/(mm/r)	公转速度/(r/min)
1	1500	0.1	90
2	1500	0.15	90
3	1500	0.2	90
4	2200	0.1	90
5	2200	0.15	90
6	2200	0.2	90
7	3000	0.1	90
8	3000	0.15	90
9	3000	0.2	90
10	2200	0.15	120
11	2200	0.15	150

　　对表 6.6 所列全部试验组别的切削力进行建模和试验研究，并计算切削力的 平均值以及最大振幅。虽然径向切削分力 F_x 和 F_y 的相位不同，但曲线相同。因此， 此处只对 F_x 进行了分析。以试验组别 10 为例，其 z 轴和 x 轴方向切削力变化过程 的对比如图 6.15 所示。

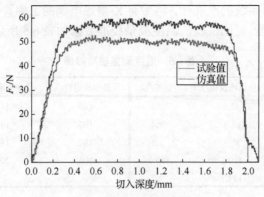

（a）轴向切削力F_z对比图

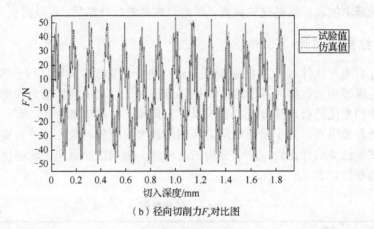

（b）径向切削力F_x对比图

图 6.15　切削力对比

　　分析图 6.15（a）可知：使用上述工艺参数进行试验和仿真时，获得轴向切削力 F_z 的平均值分别为 57N 和 49N，仿真值低于试验值，偏差为试验值的 14.1%。分析图 6.15（b）可知：径向切削分力 F_x 的平均值的仿真值与试验值分别为 50N 和 43N，偏差为试验值的 14.0%。F_z 和 F_x 的仿真值与试验值偏差均小于试验值的 15.0%，表明所建立的仿真模型能够对轴向力和切削力进行预测。

　　为了进一步分析仿真和试验结果，还对钛合金螺旋铣削过程中相关工艺参数、切削应力以及应变进行研究，具体如下。

1. 主轴转速

　　当轴向进给量为 0.15mm/r、公转速度为 120r/min 时，主轴转速的影响如图 6.16 所示。

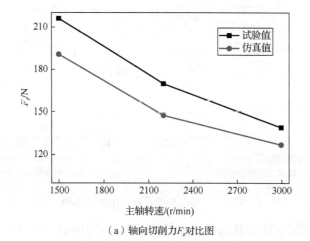

（a）轴向切削力F_z对比图

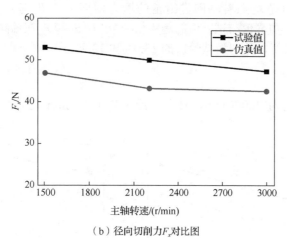

（b）径向切削力F_x对比图

图 6.16　主轴转速对切削力的影响

从图 6.16（a）中可以看出，主轴转速的变化对轴向切削力有显著影响。轴向切削力F_z随着主轴转速的增加，试验值从 216N 降至 139N，而仿真值也从 197N 降至 127.3N，仿真值均小于试验值[16]，但两者变化趋势相吻合，主轴转速 2000r/min 时偏差最大，为试验值的 12.9%。从图 6.16（b）中可以看出，径向切削分力F_x的仿真值与试验值随着主轴转速的增大变化并不明显，两者都呈略微下降趋势，当主轴转速为 2000r/min 时偏差最大，为试验值的 14.0%。

2.　轴向进给量

当主轴转速为 2000r/min、公转速度为 120r/min 时，轴向进给量的影响如图 6.17 所示。

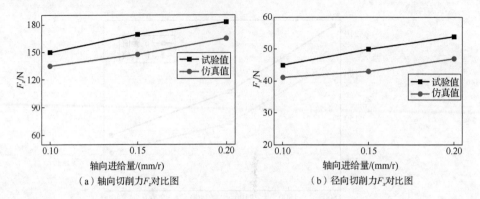

（a）轴向切削力F_z对比图　　　　　（b）径向切削力F_x对比图

图 6.17　轴向进给量对切削力的影响

从图 6.17 可以看出，仿真值均小于试验值。轴向切削力 F_z 和径向切削分力 F_x 的试验值与仿真值均随着轴向进给量的增大而增加，F_z 与 F_x 皆在轴向进给量 0.1mm/r 时最小。仿真值与试验值的趋势相吻合[17]，F_z 和 F_x 在轴向进给量 0.15mm/r 时均出现最大偏差，分别为试验值的 13.0%和 13.9%。

3. 公转速度

当主轴转速为 2000r/min、轴向进给量为 0.15mm/r 时，公转速度的影响如图 6.18 所示。

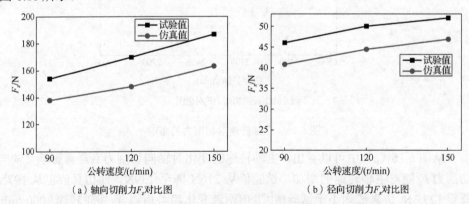

（a）轴向切削力F_z对比图　　　　　（b）径向切削力F_x对比图

图 6.18　公转速度对切削力的影响

从图 6.18 可以看出，仿真值均小于试验值。轴向切削力 F_z 和径向切削分力 F_x 的试验值与仿真值均随着公转速度的增加而逐渐增大。在公转速度 90r/min 时，F_z 与 F_x 皆最小。仿真值与试验值的趋势相吻合，F_z 在公转速度 120r/min 时偏差最大，为试验值的 12.9%。F_x 在公转速度 90r/min 时偏差最大，为试验值的 10.9%。

4. 应力分析

图 6.19 为螺旋铣孔的 von Mises 等效应力分布，从图中可以看出应力主要集中在孔与刀具接触区域。

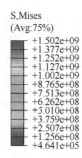
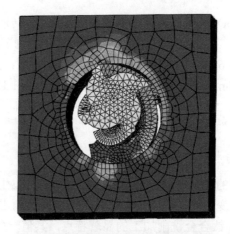

（a）仿真编号3

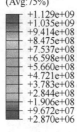
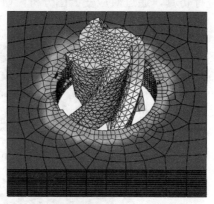

（b）仿真编号5

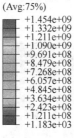
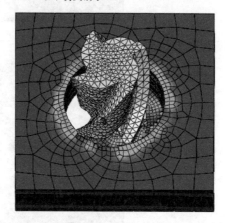

（c）仿真编号8

图 6.19　等效应力分布图

图 6.19（a）为仿真编号 3 的应力云图，刀具转速为 1500r/min，轴向进给量为 0.2mm/r，工件应力主要分布在孔边缘，最大应力为 $1.502×10^9$Pa 出现在刀刃与工件的接触点；图 6.19（b）为仿真编号 5 的应力云图，刀具转速为 2200r/min，轴向进给量为 0.05mm/r，应力云图中的最大应力值为 $1.129×10^9$Pa；图 6.19（c）为仿真编号 8 的应力云图，刀具转速为 3000r/min，轴向进给量为 0.1mm/r，应力云图中最大应力值为 $1.454×10^9$Pa。

5. 应变分析

随着铣削的进行，钛合金内部的应变也随之发生一系列变化，其中，最主要的变化为压应变逐渐转化为拉应变，最大应变逐渐出现在切屑的上表面[18]。变形系数小是 TC4 钛合金铣削加工的显著特点，其值一般不超过 1。采用热力耦合模型对铣削过程进行仿真，通过对应变云图分析，研究工件变形情况。应变分布如图 6.20 所示。

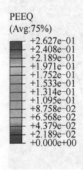
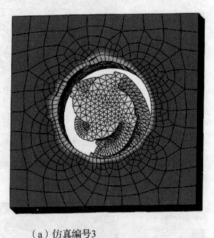

（a）仿真编号3

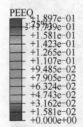
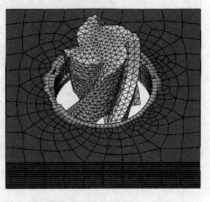

（b）仿真编号5

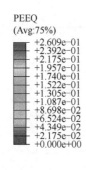
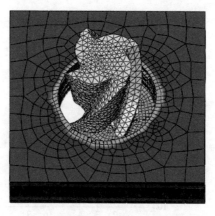

（c）仿真编号8

图 6.20　应变分布图

图 6.20（a）为仿真编号 3 铣削深度为 1mm 时的应变分布云图，刀具转速为 1500r/min，轴向进给量为 0.2mm/r，应变图中，工件应变区域主要分布在孔缘和底部，最大应变值为 0.2627；图 6.20（b）为仿真编号 5 的应变分布云图，刀具转速为 2200r/min，轴向进给量为 0.1mm/r，最大应变值为 0.1897mm；图 6.20（c）为仿真编号 8 即将铣穿工件时的应变分布云图，刀具转速为 3000r/min，轴向进给量为 0.1mm/r，工件等效塑性应变主要集中切屑部分，最大应变值为 0.2609，除切屑外，工件的较大应变集中在孔的内壁与出口处。铣削时，工件的大部分区域内均为压应变，随着切屑在接触区内与刀具逐渐分离，其内部的压应变也随之逐渐转化为拉应变，且最大应变也一般出现在切屑上。铣削过程中，工件的应变值小于钻削的应变值，变形量也比较小，更容易获得高质量的孔。

6. 温度分析

制孔过程中切削热对刀具寿命、孔壁质量有着重要的影响[19]。虽然铣削过程中，切屑与铣刀的接触长度极短，但由于 TC4 钛合金的导热系数很小，切削时产生的热不易传出，使得铣刀切削刃处温度很高，既可能降低切削表面质量，也会严重影响刀具的使用寿命。其次，钛的活性大，较高的切削温度会加剧钛与空气中的氧和氮反应，形成硬脆外皮，使得切削表面硬化，这会进一步加剧 TC4 钛合金的制孔难度[20]。铣削加工过程中，当四刃铣刀中的一个刃角与工件接触时，其他三个刀刃处于散热状态，因此铣削过程中的热量会相对较低。图 6.21 为 11 组仿真结果中最高温度的对比曲线，组别 1 的温度值为 228.30℃，其温度场分布如图 6.22 所示。

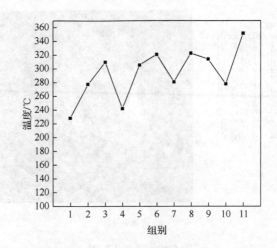

图 6.21   最高温度对比

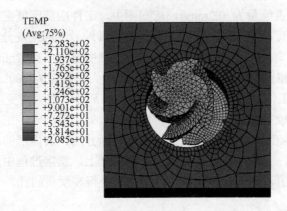

图 6.22   温度云图

从图 6.22 中可以看出，螺旋铣孔的最高温度出现在切屑和刀具上，而在孔壁周围也产生大量的热，温度在 100℃ 左右，且向外扩散迹象并不明显，这也与 TC4 钛合金材料属性一致。取组别 11 铣削过程中单个刀刃的温度变化曲线，如图 6.23 所示。从图中可以看出，随着切入深度的增加，因螺旋铣孔为非连续加工，刀刃的温度呈类周期性变化，温度逐渐升高，在切入深度为 1.65mm 附近时，达到最高温度 352℃。

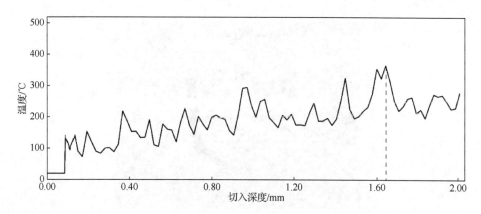

图 6.23　单个刀刃的温度曲线

使用测温系统预埋 K 型热电偶传感器的方法对 TC4 螺旋铣削制孔过程中的温度变化进行检测，温度传感器直径 2mm，其中心与预制孔轴线间距 8mm，测得其温度变化值，用 Origin 软件补偿误差并曲线拟合后的温度变化如图 6.24 所示。

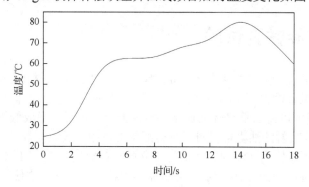

图 6.24　铣削温度测量

从图 6.24 中可以看出，随着刀具与工件在 2s 时开始接触，钛合金的温度也逐渐提升，2~8s 过程中温升速度相对较快，在温度到达 90℃ 附近时，温升速度较为平缓，但在 14s 附近时达到温度的最高值 110.2℃，此阶段温升应是螺旋铣刀逐渐接近温度传感器引起，随着孔的铣削完成，温度也逐渐下降。钛合金导热能力比较差，铣削完成后，温度下降速度并不快。因该热电偶测量点并非刀具与工件的接触点，且测试过程中，二者的距离在 2.5~10.5mm 变化，不能完全再现切削点处温度，但其温度变化规律具有一定参考价值。

另外，本次试验还使用优利德的 UTi80P 红外成像仪对钛合金加工初期温度进行了采样，该成像仪测温范围为-10~400℃，响应时间小于 500ms，精度为±2℃，温度数据如图 6.25 所示。从图中可以看出，铣削加工的最高温度为 63.3℃，这与有限元仿真的温度数值比较接近。

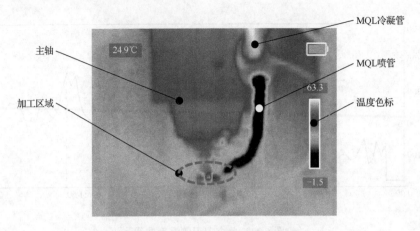

图 6.25   TC4 加工时红外热成像图

参照刀具转速、轴向进给量和公转速度三个工艺参数对切削力的影响规律，综合应力与应变分析，优选 TC4 制孔工艺参数组合为自转转速 2200r/min、公转转速 90r/min、轴向进给量 0.1mm/r。

■ 6.4   螺旋铣孔试验

螺旋铣孔的试验研究主要针对 2mm 厚的 TC4 钛合金板材和 24mm 厚的 CFRP 材料开展，除微量润滑（MQL）设备外，所使用的其他仪器设备与 6.3 节一致。

MQL 设备可以将压缩气体与微量润滑油混合喷出后，形成低于常温的气液两相流体，而高速喷射的油雾可以对刀具刃部及工件加工区域有效润滑和冷却。本书采用的是三艾流体技术（深圳）有限公司型号为 CAMQL15X-5 的外置式单通道微量润滑喷雾设备，如图 6.26 所示。其喷嘴体积较小，可通过强磁铁将喷嘴吸附在

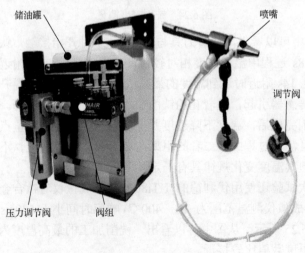

图 6.26   微量润滑装置组成

主轴上即可使用,喷嘴的角度、喷射流量(30~400ml/h)和喷射压力(0.2~1.2MPa)都可以调节,冷气温度 0~10℃。

6.4.1 TC4 钛合金铣孔试验

TC4 钛合金具有比强度高、失稳临界值高、韧性和焊接性好等优点,在航空航天等领域得到广泛应用。但因其强度高、导热性差和易变形,属于难加工材料,制孔后极易出现孔径偏差、毛刺等加工缺陷。本节对切削力和切削温度仿真模型优选的螺旋铣孔工艺参数组合进行试验研究,并简单对比分析了使用 MQL 后制孔质量的变化规律。

1. 试验条件

在 10mm×10mm×2mm 的 TC4 钛合金板上螺旋铣削 ϕ5mm 孔,技术要求:①出口毛刺最大高度值不高于 0.1mm;②孔径满足 H9。使用 ϕ4mm 四刃 YG8 立铣刀,在自转转速 2200r/min、公转转速 90r/min、轴向进给量 0.1mm/r 时,开展 MQL 对比试验,气压为 0.6MPa,喷嘴与刀具呈 45°夹角,距离为 150mm,润滑介质为植物油。

2. 结果与讨论

从切削力、孔形貌和孔径三个方面对 TC4 钛合金铣孔试验结果进行分析。

(1)切削力。图 6.27 为试验所测得的三轴力数据。从图中可看出,制孔时径向切削分力 F_x 和 F_y 呈周期性变化,幅值在-15~15N,这与仿真结果相一致;而轴向切削力 F_z 也呈周期性变化,变化幅值较小,这主要是不同的切削刃与工件间歇性相互作用的结果,平均值约为 125N,与仿真结果 110N 偏差 12.0%。而使用 MQL 后制孔力有所下降,测试 F_z 平均值约为 120N,下降幅度约为 7.7%。

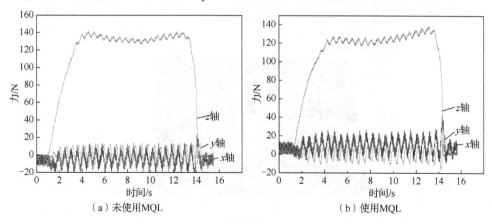

(a)未使用MQL　　　　　　　　　　　(b)使用MQL

图 6.27 三轴力曲线

（2）孔形貌。图 6.28 为使用 MQL 制孔后的出口和入口毛刺形貌和孔表面形貌。可以看出使用 MQL 后，孔的入口、出口毛刺高度均较小，不超过 35μm，且孔表面微观形貌均匀，制孔的质量较高。而不使用 MQL 的孔内形貌与之相差不大，这主要与 TC4 材料较薄、制孔时间短、MQL 优势无法充分发挥有关。测得出口毛刺最大高度值为 0.031mm，好于不使用 MQL 时的 0.043mm，完全满足出口毛刺最大高度值不高于 0.1mm 的指标。

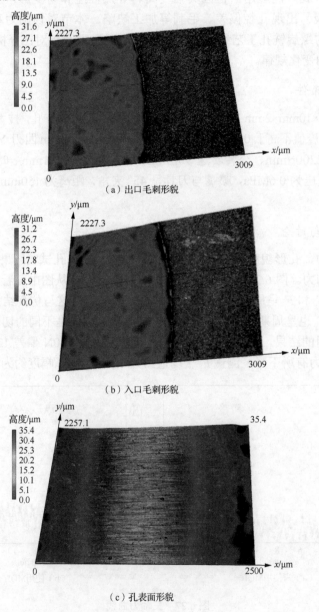

图 6.28　孔的微观形貌

（3）孔径。使用两点式内径千分尺测量孔径，每个孔取 3 个位置检测，计算平均值，使用 MQL 时的结果如表 6.7 所示。表中最大孔径偏差值+0.014mm<+0.015mm，孔径满足 H7，符合不低于 H9 的精度要求。而不使用 MQL 时孔径只能满足 H8。

表 6.7　孔径测量值　　　　　　　　单位：mm

位置	第一孔孔径	第二孔孔径	第三孔孔径
位置 1	5.009	5.012	5.012
位置 2	5.005	5.007	5.010
位置 3	5.014	5.006	5.009

TC4 钛合金螺旋铣孔研究验证了切削力和切削温度仿真模型优选制孔工艺参数有效，结果表明：使用 ϕ4mm 刀具，在自转转速 2200r/min、公转转速 90r/min、轴向进给量为 0.1mm/r 时，制成的 ϕ5mm 孔符合技术要求。而使用 MQL 后，出口毛刺、入口毛刺、内表面形貌和孔径也都符合技术要求，且制孔的轴向切削力 F_z 下降约 7.7%。

6.4.2　CFRP 材料铣孔试验

CFRP 材料钻削制孔时分层和撕裂等都是主要的缺陷，这与制孔轴向力和切削速度有关[21]。根据前面分析可知，相对螺旋铣孔在减小轴向力方面优势明显，结合参数规划设计合适的切削速度，既能有效切断纤维又可保证制孔质量。针对国内某知名的飞机制造公司使用的厚截面 CFRP 材料开展制孔工艺研究，厚截面 CFRP 材料与传统薄板比较而言，其刚度明显提升，制孔过程的变形较少；但因碳纤维总层数较多，累计近 200 层，制孔难度增大。制孔时，刀具的磨损和材料温升都成为必须考量的重要因素，因此不能简单借鉴一般 CFRP 材料的制孔工艺参数，需要规划新的制孔工艺方案，来保证制孔出口质量、入口质量和内表面质量的基本要求。

1. 试验条件

图 6.29（a）为厚截面 CFRP 材料，其采用 T300 级碳纤维，厚度为 24mm。因其特殊性能，主要应用于飞行器的关键部位，对孔的尺寸精度要求较高，另外对出口、入口的毛刺、撕裂以及孔表面质量也有具体要求。孔的技术要求为：①孔的质量符合《复合材料制件的制孔》（CPS2011B）标准，且每个孔最多存在四个由于分层、劈裂和掉渣等因素引起孔边损伤；②制孔精度优于 H10，孔壁 Ra≤3.2μm。

因 CFRP 材料的非均匀性和各向异性属性，使得其切削过程中的力、热变化规律都区别于传统各向同性材料[22]。另外，厚截面 CFRP 材料制孔过程更易引起树脂的物理损伤、分层、孔缘撕裂等缺陷。在复合材料/金属叠层构件制孔中常采用啄钻，即钻头向工件内进给，再以预定速度将钻头从工件中退出，逐步递进方式的制孔方式[23]。这种方式具有清理切屑的优点，能够将切屑破碎成足够小的碎片，使得碎屑通过刃槽退出加工孔时不会划伤复合材料。另外，该工艺通用性很好，能够对任意不同材料组合的叠层复合材料构件进行钻削加工。不过采用啄钻制孔时，钻削过程的控制相对比较复杂，所以本节基于螺旋铣孔工艺并借鉴啄钻过程，针对 24mm 厚截面 CFRP 材料，提出使用 ϕ6mm 刀具采用分段变参数螺旋铣削制孔方案，开展螺旋铣削 ϕ8mm 孔试验，所用 YG8 四刃螺旋铣刀和 PCD 直槽铣刀，结构如图 6.29（b）所示。参数对比如表 6.8 所示。

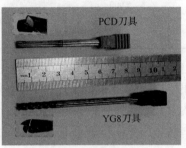

（a）厚截面CFRP　　　　　　（b）YG8与PCD刀具

图 6.29　CFRP 和螺旋铣孔刀具

表 6.8　螺旋铣刀参数对比

刀具规格	刀柄直径/mm	刀刃直径/mm	全长/mm	切深/mm	齿数/个	备注
YG8	6.0	6	100	25	4	螺旋角 35°
PCD	6.5	6	75	6	2	直槽

考虑到使用研制的螺旋铣孔末端执行器进行制孔时公转转速无法进行实时调整，所以变参数分步制孔时将公转转速设为定值，而由之前的机理分析可知，主轴转速和公转轴向进给量都是影响制孔质量的重要因素。基于此，变参数分步螺旋铣孔工艺方案中将重点针对主轴转速和公转轴向开展研究，以探索符合技术标准的较佳制孔工艺参数。将整个制孔过程分为三个阶段：阶段 1 为刀具与工件接触前至切入深度 1/3 厚度（8mm）；阶段 2 为刀具在工件上切入深度中间 1/3 厚度（8～16mm）；阶段 3 为刀具在工件上切入深度 16mm 至切穿工件。针对这三个阶段，分别设定不同的主轴转速和公转轴向参数，形成三组不同的工艺参数组合，尽量避免每步产生的缺陷，进而提高制孔质量。

图 6.30 为试验装置，主要包括数控加工中心、工件夹具、三轴力传感器及数据处理系统、MQL 系统等。在公转速度 90r/min，MQL 系统工作气压 0.7MPa，冷凝温度-5°～0°，喷嘴与刀具距离为 150mm，喷嘴与刀具角度为 45° 的条件下进行螺旋铣孔试验。使用三段式变参数螺旋铣孔方案进行铣孔，各阶段铣孔工艺参数值如表 6.9 所示，完成整个铣孔过程后，刀具自动退出。在此参数下使用两规格刀具分别进行三组对比试验，每组试验制三个孔，对比变参数铣孔方案对加工孔质量的影响。

图 6.30　CFRP 螺旋铣孔试验装置

表 6.9　铣孔工艺参数

组别	分段参数	主轴转速/(r/min)	公转轴向进给量/(mm/r)
第一组	阶段 1	2000	0.1
	阶段 2	2000	0.2
	阶段 3	4500	0.1
第二组	阶段 1	2000	0.1
	阶段 2	3000	0.2
	阶段 3	4500	0.1
第三组	阶段 1	2000	0.1
	阶段 2	4500	0.2
	阶段 3	4500	0.1

2. 结果与讨论

YG8 刀具和 PCD 刀具制孔过程中，三维作用力的变化曲线如图 6.31 所示。

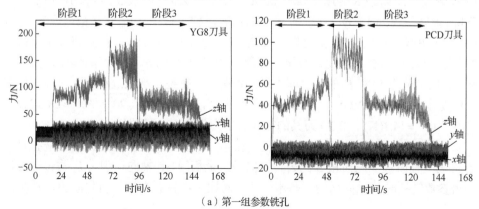

（a）第一组参数铣孔

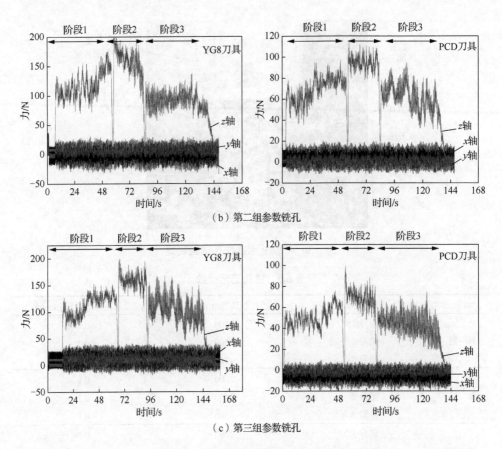

图 6.31　铣削时作用力变化曲线比较

从图 6.31（a）中可以看出，YG8 刀具的轴向切削力 F_z 均值随参数变化分别为 95N、150N 和 65N。阶段 1 与阶段 2 的转速相同，阶段 2 的轴向进给量为 0.2mm/r，是阶段 1 的 2 倍，F_z 均值也显著提升近一倍。阶段 1 与阶段 3 的公转轴向进给量同为 0.1mm/r，阶段 3 转速 4500r/min 是阶段 1 的 2 倍，阶段 3 的 F_z 均值虽然有所下降，但降幅仅为 13.3%。比较而言，PCD 刀具铣孔时，F_z 均值随参数呈现为 48N、90N 和 40N 的变化，其变化规律与 YG8 刀具的基本一致，但数值分别降低了 49.5%、40% 和 38.5%，在变参数铣孔过程中 PCD 刀具的 F_z 均值下降幅度为 35%～50%。切削分力 F_x 和 F_y 的合力即为径向切削力，在整个制孔过程中[24]，径向切削力的变化并不明显，YG8 和 PCD 刀具的径向切削力分别为 $\sqrt{20^2 + 20^2} = 28.3(N)$ 和 $\sqrt{10^2 + 10^2} = 14.1(N)$，PCD 刀具的径向切削力仅为 YG8 刀具的 50%。

从图 6.31（b）、（c）中可以看出，在第二组参数铣孔和第三组参数铣孔时，YG8 刀具在阶段 1 与阶段 3 的公转轴向进给量相同，其轴向切削力 F_z 与该阶段第一组参数铣孔时的轴向切削力基本一致。对比三组铣孔参数，可以看出，在阶段

2 的公转轴向进给量都没有变，转速分别为 2200r/min、3000r/min 和 4500r/min，F_z 均值分别为 163N、152N 和 147N，虽略有下降，但趋势变化并不明显。PCD 刀具的阶段 1 和阶段 3 规律与 YG8 刀具一致，阶段 2 的轴向切削力 F_z 均值分别为 94N、88N 和 70N，F_z 均值分别降低了 42.3%、42.1%和 52%。虽然轴向进给量和转速都对 YG8 刀具铣孔轴向切削力 F_z 有影响，但轴向进给量的影响高于转速的影响。F_z 均值随着轴向进给量的增大而增大，随着转速的增加而缓慢下降。因为 PCD 刀具与 CFRP 材料之间的摩擦系数低，加之本身硬度极高，所以制孔时尽管 PCD 刀具作用力变化规律与 YG8 刀具基本一致，但是轴向切削力值 F_z 和径向切削力值降幅普遍在 35%～55%。选取三组试验数据中 YG8 刀具与 PCD 刀具典型（最大损伤）的出口形貌和入口形貌进行比较，如图 6.32 所示，标识处为损伤区域。

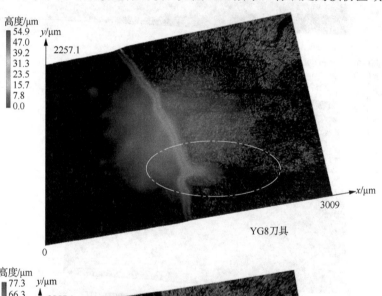

YG8刀具

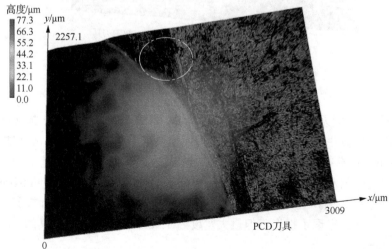

PCD刀具

（a）孔出口形貌

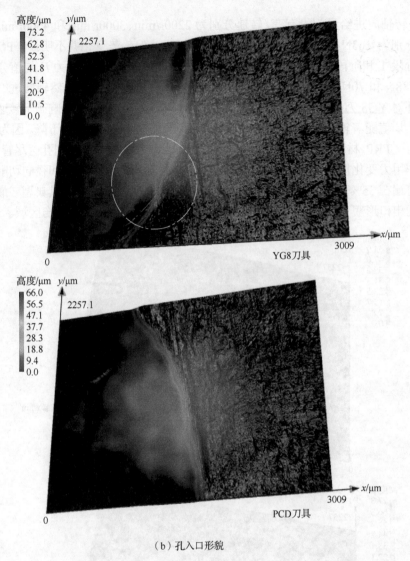

（b）孔入口形貌

图 6.32　孔出口和入口处形貌对比

由图 6.32 可以看出，YG8 刀具制孔的出口和入口处均有损伤，损伤深度未超过《复合材料制件的制孔》（CPS2011B）标准要求的 0.36mm。入口撕裂损伤宽度为 2.31mm，但存在少量毛刺，有纤维未被彻底剪断，而出口损伤宽度为 5.32mm，超过了《复合材料制件的制孔》（CPS2011B）标准要求的极限值（3.04mm）。因 PCD 刀具硬度极高，且刀刃锋利，制出孔的入口没有损伤，纤维都被剪断，尽管个别孔出口处也出现了损伤，但最大宽度为 1.98mm，占 YG8 刀具的 37.2%，符合技术标准。

为了评价孔内形貌和表面粗糙度，如图 6.33 所示，使用金刚石切割片，将孔切开后选取了 a 区域、b 区域和 c 区域分别进行了孔壁形貌和表面粗糙度测量。制孔后，测量三个位置的表面粗糙度 Ra，取算术平均值并绘制对比图，如图 6.34 所示。

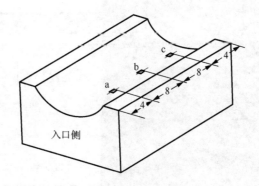

图 6.33　检测位置示意图（单位：mm）

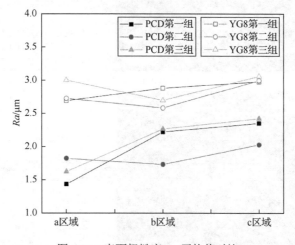

图 6.34　表面粗糙度 Ra 平均值对比

从图 6.34 中可看出，YG8 刀具铣孔后的表面粗糙度 Ra 介于 2.68～3.21μm，a 区域、b 区域和 c 区域数值并无明显差异，第二组参数制孔时，相对效果最佳。PCD 刀具铣孔后 Ra 普遍低于 YG8 刀具制孔表面，介于 1.44～2.38μm，均符合 $Ra \leqslant 3.2$μm 的要求。PCD 刀具制孔时阶段 1 与阶段 3 公转轴向进给量相同，因步 3 的转速更高，使得切削速度增大，对应孔内 a 区域 Ra 好于 c 区域。而采用第二组变参数制孔时，三区域的 Ra 差异小，较接近。基于表面粗糙度分析，可以看出第二组变参数时使用 YG8 和 PCD 刀具铣孔效果均较好，选取该参数下的典型孔表面形貌和粗糙度测量曲线如图 6.35 所示，用于进一步分析。

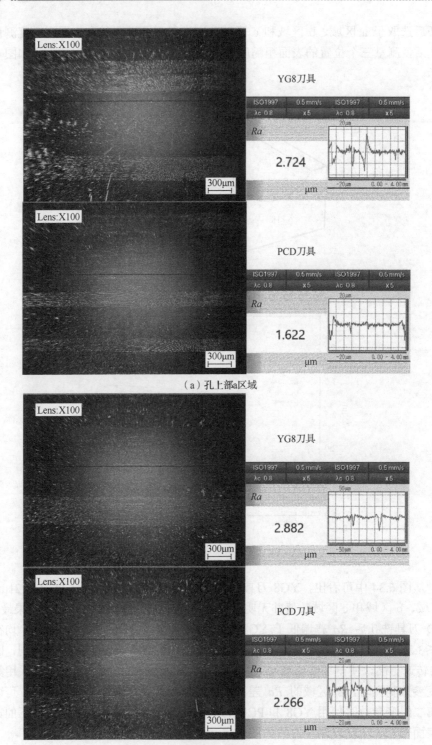

（a）孔上部a区域

（b）孔中部b区域

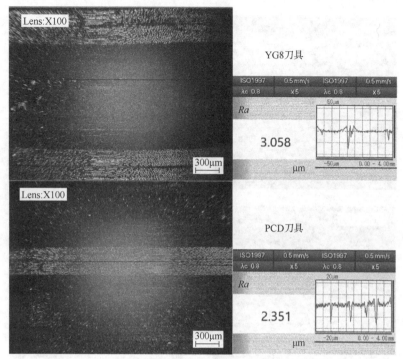

（c）孔下部c区域

图6.35　第二组参数时孔的形貌和表面粗糙度 Ra 比较

由图 6.35 可以看出，YG8 刀具制孔后，a 区域、b 区域和 c 区域表面粗糙度 Ra 分别为 2.724μm、2.882μm 和 3.058μm，Ra 测量曲线的最大波峰或波谷幅值介于 18～31μm。而 PCD 刀具制孔后，a 区域、b 区域和 c 区域表面粗糙度 Ra 分别为 1.622μm、2.266μm 和 2.351μm，Ra 测量曲线的最大波峰或波谷幅值介于 10～17μm，约为 YG8 刀具的 50%，效果明显更佳。第二组参数下 PCD 刀具制孔质量普遍好于 YG8 刀具，该参数下制备的三个孔中，最佳孔的内表面形貌和粗糙度如图 6.36 所示。从图中可以看出孔表面均匀，表面粗糙度 Ra 为 1.443～1.827μm，最大波峰或波谷幅值小于 15μm。

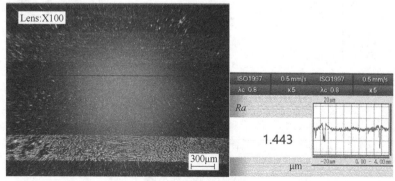

（a）孔上部a区域

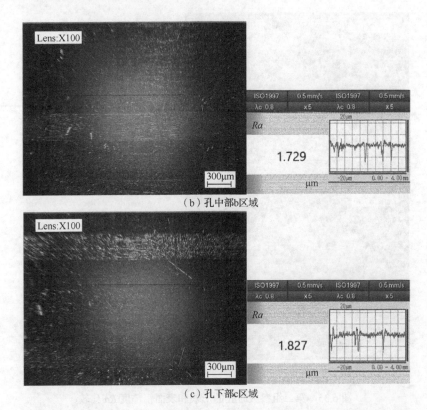

（b）孔中部b区域

（c）孔下部c区域

图 6.36　第二组参数下 PCD 刀具制孔（最佳孔）表面形貌和表面粗糙度 Ra

　　分别测量同一参数下同一区域制备三个孔的孔径，取算术平均值后绘图，结果如图 6.37 所示。从图中可以看出，YG8 刀具和 PCD 刀具制孔所有组试验中，孔的入口处直径介于 8.034～8.042mm，小于 8.058mm，符合 ϕ8H10 的标准要求。

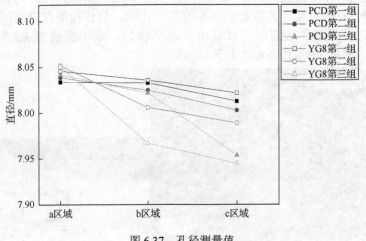

图 6.37　孔径测量值

对比三组试验参数，可以看出，在阶段 3 时公转轴向进给量和转速均相同，但受到前两步参数的影响使得刀具温度发生变化，从而在 c 区域引起了孔径的差异。PCD 刀具前两组制孔参数和 YG8 刀具第一组制孔参数测量 a 区域、b 区域和 c 区域都满足 H10 的精度要求，而使用其他参数制孔时，都存在孔径小于 8mm 的区域，无法满足技术指标要求。

在 MQL 系统同一参数下，分别使用 YG8 刀具和 PCD 刀具对厚截面 CFRP 材料进行的制孔试验研究结果表明：使用 ϕ6mm 的 PCD 刀具，采用转速 2000r/min、轴向进给量 0.1mm/r、转速 3000r/min、轴向进给量 0.2mm/r、转速 4500r/min、轴向进给量 0.1mm/r 的三段式变参数螺旋铣孔方案，可以制出 ϕ8mm 的孔，能够完全满足技术标准对出口缺陷、入口缺陷、表面粗糙度和孔径等要求。

6.5 本章小结

本章根据螺旋铣孔末端执行器制孔应用需要，建立了螺旋铣削运动方程并用 Python 软件对刀尖、端刃和侧刃运动进行了建模；建立了材料去除方程，基于 SolidWorks 软件模拟了侧刃以及端刃材料去除规律；使用 Abaqus 软件对切削力和切削温度进行了建模，通过螺旋铣孔试验对仿真模型进行了验证，并讨论了相关工艺参数的影响规律。采用仿真模型找到的较佳螺旋铣孔工艺参数对 TC4 钛合金进行螺旋铣孔试验研究，结果表明：使用 ϕ4mm 刀具，在自转转速 2200r/min、公转转速 90r/min、公轴轴向进给量为 0.1mm/r 时，制成了 ϕ5mm 孔，毛刺高度、内表面形貌和孔径等都符合技术要求。基于理论研究提出了三段式变参数螺旋铣削方案，对 24mm 厚 CFRP 材料进行螺旋铣孔试验研究，使用 ϕ6mm 的 PCD 刀具，转速 2000r/min、公轴轴向进给量 0.1mm/r，转速 3000r/min、公轴轴向进给量 0.2mm/r，转速 4500r/min、公轴轴向进给量 0.1mm/r 的三段式变参数螺旋铣孔方案，制成了 ϕ8mm 的孔，毛刺高度、内表面形貌和孔径等符合技术标准要求。

参考文献

[1] 舒蓓蓓. 钛合金薄壁件铣削工艺优化的研究[D]. 沈阳：沈阳理工大学，2015.

[2] 高航，姚舜铭，鲍永杰，等. 低刚度约束下复合材料螺旋铣磨制孔[J]. 金刚石与磨料磨具工程，2018，38（3）：42-47.

[3] 王明海，徐颖翔，姜庆杰. 基于有限元仿真的碳纤维复合材料螺旋铣孔研究[J]. 制造技术与机床，2015（3）：47-50.

[4] 王红嵩. 难加工材料的螺旋铣孔技术研究[D]. 大连：大连理工大学，2012.

[5] 王欢. 钛合金螺旋铣孔试验研究[D]. 大连：大连理工大学，2015.

[6]　张俊. 碳纤维树脂基复合材料修补区域电热温度场的研究[D]. 天津：中国民航大学，2016.

[7]　季施，倪君辉，詹白勺. 基于夹丝热电偶测温方法的钛合金铣削温度试验研究[J]. 制造业自动化，2015，37（22）：24-25.

[8]　范明星. 等基圆锥齿轮齿面刮削理论及其方法研究[D]. 洛阳：河南科技大学，2017.

[9]　陈广鹏，江京亮，马长城，等. 基于 Abaqus 的 TC4 合金切削变形区有限元仿真[J]. 工具技术，2019，53（2）：53-57.

[10]　单以才. 航空叠层构件材料螺旋铣孔工艺基础研究[D]. 南京：南京航空航天大学，2014.

[11]　史振宇. 基于最小切除厚度的微切削加工机理研究[D]. 济南：山东大学，2011.

[12]　刘超杰. 钛基复合材料高速磨削加工磨削力仿真分析[J]. 机械制造与自动化，2019，48（2）：95-99.

[13]　Isbilir O, Ghassemieh E. Finite element analysis of drilling of titanium alloy[J]. Procedia Engineering, 2011, 10(18): 77-82.

[14]　陈哲. 基于 ABAQUS 仿真的钛合金螺旋铣孔工艺参数对孔质量的研究[D]. 天津：天津工业大学，2018.

[15]　邓峰. 高速干式滚齿切削力致机床几何误差对齿轮精度的研究[D]. 重庆：重庆大学，2018.

[16]　颜猛. 声学包对轿车车内噪声影响的仿真分析与试验研究[D]. 长沙：湖南大学，2017.

[17]　胡佳. 螺旋铣制孔终端执行器的研究及其应用[D]. 杭州：浙江大学，2013.

[18]　陈哲，孙会来，赵方方，等. 基于 Abaqus 的钛合金螺旋铣孔仿真及试验验证[J]. 工具技术，2018，52（4）：72-75.

[19]　蒲景威. CFRP/钛合金叠层材料螺旋铣孔变参数工艺优化研究[D]. 南昌：南昌航空大学，2018.

[20]　刘冬霞. 风冷却切削实验与仿真及刀具设计[D]. 哈尔滨：哈尔滨理工大学，2008.

[21]　孙鑫. 航空材料自动化精密制孔工艺研究[D]. 南京：南京航空航天大学，2014.

[22]　蔡晓江. 基于复合材料各向异性的切削力热变化规律和表面质量评价试验研究[D]. 上海：上海交通大学，2014.

[23]　Davim J P. 复合材料制孔技术[M]. 陈明，安庆龙，明伟伟，译. 北京：国防工业出版社，2013.

[24]　陈光林. 碳纤维复合材料/钛合金叠层结构机翼自动化制孔技术研究[D]. 杭州：浙江大学，2017.

第 7 章

孔精整机理及试验

针对精密制孔需求，本章提出了螺旋运动与 MAF 法复合的磁极同轴回位式偏心研磨方案，研磨时用磁粒刷替代末端执行器上的铣刀，利用末端执行器实现磁粒刷的轴向进给以及螺旋运动。该组合方案使用螺旋铣孔末端执行器可以完成制孔和表面光整两道工序，不增加设备的情况下，满足了在装配工位进一步提高孔表面精度的要求。该方案无须购置 MAF 设备，可以减少开支，提高螺旋铣孔末端执行器的利用率，节约工作场地。本章将研究 MAF 法光整孔表面的机理以及优化磁场分布，在此基础上对 TC4 钛合金孔开展光整工艺试验，研究内容为组合方案光整孔表面提供了理论基础和应用案例，对提升光整质量和效率具有实际意义。

■ 7.1　MAF 技术

MAF 法是一种利用磁力进行光整加工的新型工艺，其研磨加工原理如图 7.1 所示。将磁性磨粒填充在磁极与工件的间隙内，磁性磨粒受磁场的作用被磁化并沿磁力线排列形成具有一定切削能力的柔性磁粒刷，通过磁粒刷与工件之间的相对运动实现对工件表面的光整加工[1-3]。磁性磨粒作为多刃的磨削刀具，通常由铁磁相（Fe）和磨粒相（Al_2O_3）烧结而成，在磁场中被磁化并积聚形成的磁粒刷具有柔性好、自锐性强等优点，可应用于平面、曲面、管内表面以及复杂表面的光整加工[4]。

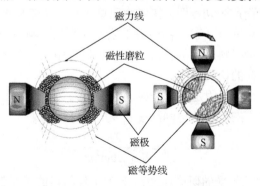

图 7.1　磁力研磨加工原理

7.1.1 MAF 技术的加工机理

磁力研磨加工过程中，磁性磨粒在工件上将产生滑动、挤压、刻划和切削等现象，对工件材料进行去除。其加工机理主要包括微量切削与挤压作用，多次塑变磨损作用，摩擦与氧化腐蚀作用等[5]。

1. 微量切削与挤压作用

在磁力研磨过程中，磁性磨粒是由高硬度的磨粒相（Al_2O_3）和导磁性好的铁磁相（Fe）烧结而成，所以磨粒的硬度远远高于工件的硬度。磁性磨粒在受到外部磁场的作用下，对工件表面产生一定的研磨压力，同时在机械的带动下，磁性磨粒和工件表面产生相对运动。此时，磁性磨粒的刃尖将对工件表面产生切削作用。单颗磁性磨粒在研磨加工过程中的微量材料切削与挤压模型如图 7.2 所示。

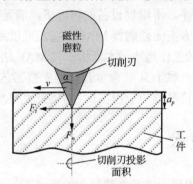

图 7.2 单颗磁性磨粒切削示意图

在忽略磁场保持力的作用下，单颗磁性磨粒主要产生法向压力 F_n 和切向力 F_t 并共同作用在工件表面上。法向压力 F_n 将磁性磨粒挤压到工件表面，并在表面形成一定的压痕。同时，在切向力 F_t 的作用下使磁性磨粒沿工件表面推进，当磨粒的形状和方向处在最佳位置时，此时的磁性磨粒就像一把刀具的切削刃一样，对工件表面进行切削而产生切屑[6]。在磁力研磨光整加工件表面时，磁性磨粒的形状、位置、工作角度以及磁场特性等工艺参数均能影响该切削作用的强弱。因此，为了达到对微量材料去除的目的，在加工过程中通过对上述参数控制来掌握磁性磨粒对工件材料的切削作用。

在磁力研磨工艺中，假定磁性磨粒的切削刃为圆锥体，在研磨法向压力 F_n 作用下对工件表面产生细微层的切削深度 a_p 为[7]

$$a_p = \sqrt{\frac{2F_n}{\sigma_s \pi \tan^2 \alpha}} \tag{7.1}$$

式中，F_n 为单颗磨粒所受的研磨压力；σ_s 为工件材料的屈服强度；α 为圆锥切削刃的半顶角。

由式（7.1）可知，磁性磨粒所受的研磨压力和切削刃的形状对切削深度 a_p 有一定的影响，切削深度 a_p 随着研磨压力 F_n 的增大而增大。

与工件表层材料接触的切削刃在垂直方向上的投影面积为

$$S = \frac{\pi a_p \tan^2 \alpha}{2} \tag{7.2}$$

磁性磨粒切除工件材料的截面面积为

$$A_S = \frac{1}{2} \cdot a_p \cdot 2a_p \cdot \tan \alpha = \alpha_p^2 \tan \alpha \tag{7.3}$$

在磁力研磨工艺中，填入的适量磁性磨粒在磁场中磁化并积聚形成了具有柔性的磁粒刷，由于磁场分布不均产生磁场梯度，此时磁性磨粒将无规则地变换方位参与磨削，所以针对每一颗磨粒来说，在磁力研磨加工过程中，其切削过程都是不连续和随机的。在金属切削机理中，占有非常重要地位的就是刀具的几何形状和切削角度，刀具的切削性能主要由刀具的前角掌控。然而对于磁力研磨加工中所用的磨粒而言，其切削刃前刀面的方向很不规则，大部分具有很大的负前角，因此磁性磨粒在法向压力 F_n 作用下吃刀量非常小，一般在几百微米甚至更小[8]。

工业条件下生产的磁性磨粒一般由 Al_2O_3 或 SiC 颗粒组成，当取 $\alpha=60°$，工件材料的 $\sigma_s=2000$MPa，$F_n=10^{-3}$N 时，磨粒的切削深度 $a_p=0.3\mu$m。磁粒刷与工件表面接触的区域每 $1cm^2$ 有 $100\sim600$ 个磨粒，若每颗磨粒的载荷 F_n 为 10^{-3}N，则磁力研磨的单位面积上的载荷相当于 $0.1\sim0.6$N，所以使用磁性磨粒对工件的切深达到 0.3μm 理论上是可以实现的。

2. 多次塑变磨损作用

由于外部磁场力的存在，磁性磨粒形成的弹性磁粒刷紧紧压附在工件表面，与金属材料始终处于接触状态，但切削并不是唯一的磨削方式。比如，在研磨过程中磁性磨粒与工件表面产生划擦，并留下一条条切痕；使金属材料产生塑性变形，即将工件表面擦出一条两边隆起的沟纹；最后一种是耕犁出一条沟槽，并且沟槽两边翻出飞边。磁性磨粒的这几种磨削现象如图 7.3 所示。另外，后两种磨削

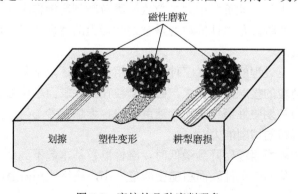

图 7.3　磨粒的几种磨削现象

现象经常在磁性磨粒的形状较圆钝、棱角对着运动方向或者磁性磨粒和工件表面之间的夹角太小时发生[9]。在磁性磨粒的连续加工过程中，已经出现塑性变形或飞边堆积的表面层金属将发生反复的塑性变形，产生加工表面硬化作用，最后剥落成为磨屑。

3. 摩擦与氧化腐蚀作用

在摩擦学理论中[10]，磨损被定义为物体表面相对运动时工件表面物质损失或产生残余变形的现象。根据摩擦学原理，在磁力研磨加工工艺中，工件表面在加工环境和研磨介质的影响下必然产生氧化磨损和腐蚀磨损。氧化磨损是指摩擦表面与氧相互作用而形成氧化膜的磨损。磁力研磨时，由于磁性磨粒与工件表面产生相对运动，即产生摩擦，使得纯净的金属表面裸露出来。工件表面的纯净金属层接触到氧化介质时，会生成一层极薄的氧化膜，该氧化膜由于与工件材料的膨胀系数不同在研磨过程中会被磨掉，重新露出纯净的金属表面，然而又很快地形成新的氧化膜。连续加工过程中，金属表层不断进行氧化—摩擦磨除—再氧化—再磨除，这样靠化学氧化和机械摩擦两种作用交替进行来去除工件表面的材料，从而加速了研磨效果，提高研磨效率[11]。

磨蚀磨损被定义为以化学或电化学反应为主的磨损。在磁力研磨光整加工过程中，还要添入研磨液，一方面可以降低研磨过程中产生的温度，另一方面起到润滑的作用。然而研磨液中含有腐蚀性的化学成分，在研磨过程中会对工件金属层造成腐蚀磨损。腐蚀磨损的机理与氧化磨损相类似，但磨损的痕迹较深，磨损量相对较大。磁性磨粒混合研磨液加工过程类似于化学机械抛光，在工件表面与研磨介质之间形成化学键，在一定压力的作用下，通过外部旋转磁场带动磁性磨粒与工件表面产生的相对旋转运动，使工件表面的化学键或分子被打破，实现光整加工。依靠磁力研磨加工工艺去除工件表面材料的步骤包括以下几个方面。

(1)研磨初始阶段，工件原始表面粗糙度较大，即表现在工件表面上为凹凸不平的纹理，当磁性磨粒与凸出的部分接触时，其接触面积较小，但是单位面积上的研磨压力增大。在此阶段中大多数磁性磨粒起到磨削作用，只有一小部分起到挤压作用。故此阶段是磁性磨粒的最强切削能力的体现阶段，但同时也是磨粒破碎的最快阶段。

(2)随着加工过程的进行，工件的表面粗糙程度逐渐下降，表面形貌变得平整光滑，单颗磨粒的接触面积变大，磁性磨粒在工件表面单位面积上的研磨压力减小。由于研磨初期磁性磨粒的粉碎速度较快，增加了参与研磨的磨粒数量，但却大大降低了磨粒的切削能力[12]。

(3)工件的表面粗糙度降到最低时，磁性磨粒基本起不到磨削的作用，而主要起挤压作用，从而使工件表面粗糙度峰值变小，最终达到研磨的目的。

7.1.2 MAF 技术的特点

MAF 技术在传统研磨抛光工艺的基础上,结合物理学特性发展成为一种新颖的表面光整方式,在机械加工领域发挥着重要作用。相比其他表面光整技术,MAF 技术具有以下鲜明而独特的特点。

(1)良好的柔性接触。研磨加工过程中,磁性磨粒受磁场力吸引沿磁粒线形成磁粒刷。磁粒刷在研磨压力作用下与待加工表面柔性接触,刚性磨削,能够根据工件的形状和大小而进行仿形加工[13]。

(2)较强的自锐性。加工过程中,随着磁极的旋转,磁性磨粒与工件表面做相对运动,产生滑动摩擦。磨料表面的切削刃不停地划擦工件表面,对材料微量去除,受磁场力约束,松散的磁性磨粒再次聚拢,随加工的进行,磁性磨粒不断地翻滚,不停地变换位置,切削刃交替更新,研磨切削作用持续稳定[14]。

(3)灵活的匹配性。磁力研磨加工灵活方便,能够与钻床、车床、铣床组合对孔件、管件、平面等进行研磨;能够与数控机床、机械手互相配合,实现自动研磨。

(4)较高的加工精度及表面质量。研磨加工过程中,磁粒刷微量切削工件表面,其加工温升小,材料被循序渐进地去除,研磨完成后,不会使工件发生弯曲、扭转等变形,并且工件表面均匀光整,加工质量好。

(5)广泛的自适应性。磁力研磨加工不仅可以研磨平面、曲面,还可以加工管件、陶瓷等;根据磁性不同,可以加工导磁与非导磁工件;根据体积不同,可以加工大型工件与微小零件。

7.1.3 MAF 技术的发展与应用

MAF 技术是利用强磁力吸附磁性磨粒这一物理特性来研磨工件表面材料,达到表面光整的效果。随着研究时间与研究精力的大量投入,该技术发展越来越成熟,目前已被多个国家引进,在机械制造业中发挥着难以替代的作用。

1938 年,苏联工程师 Kargolow 提出将磁力应用于工件表面材料去除的思想,并发明了磁力研磨技术。20 世纪 60 年代初,多位苏联学者主要针对磨料的构成以及成分的配比做了大量工作,并获得很多价值很高的成果[15]。20 世纪 70 年代中期,保加利亚致力于磁力研磨技术的发展,使该技术逐渐走向了国际化。20 世纪 80 年代中后期,日本学者 Anzai、Shinmura 等深入研究磁力研磨加工工艺,他们基于磁力研磨加工的基本原理,探讨不同加工条件以及不同工艺参数对加工效果的影响,相继设计并开发了多种磁力研磨试验装置[16-19]。近年来,Kim 和 Choi 结合计算机控制系统与磁力研磨加工技术,使磁力研磨加工工艺逐渐实现自动化,提高了加工效率,节约了人工成本,并将有限元法引入到磁力研磨的理论计算中,为磁力研磨方案的设计提供了有限元的模拟分析与计算[20]。随后,韩国学者 Kwak 等通过对非导磁材料添加辅助磁极来增强磁感应强度的方法,提高了磨料的切削作用,后来对不同加工条件的影响因素进行正交试验研究,得到较佳的加工工艺参数[21,22]。

20 世纪后期,我国开始对磁力研磨加工进行研究,虽然我国引入这项技术较晚,但是大量研究机构与相关研究人员的投入与探索,也取得了丰硕的成果。辽宁科技大学先进磨削技术研究所基于磁力研磨加工技术针对平面、管件、槽零件、三维打印件等方面做了大量的试验探究,设计了不同的加工方案,搭建了相应的试验装置,优化了加工工艺,同时也取得了优异的成绩。随着磁力研磨加工技术的成熟,先进技术磨削研究所与企业接洽,自行设计研发并组装了磁力研磨机、空间弯管内表面光整机、磁流变抛光机等设备应用到工业生产制造中[23-27]。太原理工大学在磁性磨粒制备方面做了深入研究并成功研制了黏结法和热压烧结法,这两种工艺方法增强了磨粒的刚性,也提高了磨料的切削性能[28]。东北大学致力于磁力研磨的机理以及加工因素的研究,得出加工工艺参数在试验过程中发挥着重要作用[29]。大连理工大学、广东工业大学与哈尔滨科学技术大学相关研究者融合了电化学与磁力研磨技术,开创出一种新型的研磨加工方式[30-32]。山东理工大学将数控与磁力研磨加工工艺结合,成功研制出了自动扫描曲面的设备以及磨料自动填充装置[33]。

■ 7.2 磁场分析

MAF 法利用磁场对磁性磨粒进行束缚从而实现对工件表面的光整加工,优化磁场分布对提高 MAF 法光整质量和效率有直接作用。Maxwell 软件基于麦克斯韦方程可对磁场进行精确分析和计算,可以对研磨时磁极的布局形式进行磁场模拟。麦克斯韦方程是将库仑定律、安培定律、高斯定律和电磁感应定律等进行计算归纳,主要描述了电场、磁场与电荷密度、电流密度之间的关系[34]。通过磁场分析,对仿真对象进行磁力线分布和磁感应强度建模,可以为后续 MAF 法研磨孔表面的磁极充磁形式、研磨间隙和磁极尺寸等选择提供理论基础。

7.2.1 磁场分析步骤

磁场的计算与分析对优化磁力研磨方案起着至关重要的作用,而选用 Maxwell 软件来进行磁场模拟,比纯理论计算推导更加直观和高效。本节采用内置磁极吸附磁性磨粒的方法来光整孔表面,因磁极最终依靠磁场束缚磁性磨粒形成磁粒刷来实现光整加工,而磁感应强度则是影响磁粒刷刚度的主要因素。为了研究磁感应强度的大小以及磁力线的分布,根据 Maxwell 软件分析过程,通过建立 2D 模型的方式模拟使用径向磁极光整孔时的磁力线和磁感应强度等分布规律,并依此例阐述仿真的基本步骤如下。

1. 前处理和分析

前处理过程主要包括材料定义、边界设定和网格划分三个步骤。材料定义包括：磁极材料定义为钕铁硼（NdFe35）ϕ8mm 磁极，矫顽力为 $8.75×10^5$kA/mm，相对磁导率为 1.0998；带有 ϕ10mm 孔的 TC4 钛合金（非导磁）工件相对磁导率定义为 1.0；空气相对磁导率定义为 1.0；磁极方向定义为径向。边界设定主要是定义磁力线及磁场的分布区域，在设定时应尽可能地将磁场的作用范围包含在内，本次边界区域直径为 20mm。而网格划分即将所选模型进行有限元网格化，将模型拆分成许多有限单元体，为后续分析做准备，单元体越小，网格数量越多，计算精度越高，但相应的计算时间也会增加。本次采用自由网格划分，如图 7.4 所示，限制单元体的最大长度为 1mm。

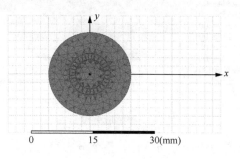

图 7.4　网格划分模型

前处理过程完成后，使用 Maxwell 软件的自检功能进行核查，这在模拟分析过程中起到查缺补漏的关键作用。自检处理后再进行分析计算，以保证分析过程无误。

2. 结果观测

仿真分析后，得到磁力线分布和磁感应强度分布，如图 7.5 和图 7.6 所示。

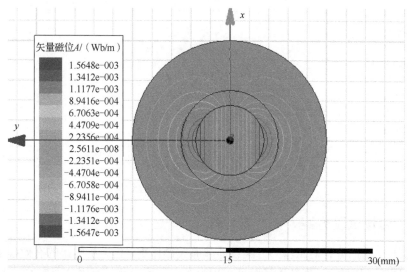

图 7.5　磁力线云图

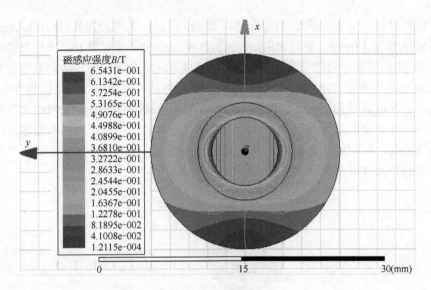

图 7.6   磁感应强度云图

图 7.5 可以看出磁力线的分布规律，整个分布呈对称状，在 N、S 两极区域矢量磁位 A 越大，磁力线密集度明显更高。图 7.6 可以看出，在磁极的外表面接触区域磁感应强度最大，为 0.654T，并向外呈现逐渐减弱的分布趋势。

在磁场强度模拟区域，绘制一个与孔圆周重合的圆，展开后其磁感应强度分布如图 7.7 所示。从图中可以看出磁感应强度在圆周的分布情况，沿着孔的圆周，磁感应强度呈现周期性变化，有两处峰值为 356mT，位置分别对应磁极的 N 极和 S 极；两处最低值为 212mT，位置则对应磁极的交会处。

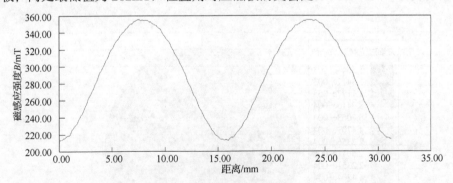

图 7.7   磁感应强度分布曲线

7.2.2   磁场试验方案

磁场的模拟分析对试验的方案设计起着关键作用，但分析结果的有效程度仍需要通过试验加以验证。本节磁场验证采用上海亨通磁电科技有限公司的 HT201 数字高斯计对磁场中孔件的表面磁感应强度进行检测，检测位置如图 7.8 和图 7.9 所示。

图 7.8（a）为孔内壁处磁感应强度的检测，检测点 $M_1 \sim M_5$ 分别表示孔表面的起始点、1/4 点、2/4 点、3/4 点和终端点。图 7.9（a）为孔缘处磁感应强度的检测，其中检测点 $N_1 \sim N_5$ 分别表示孔缘半圆的起始点、1/4 点、2/4 点、3/4 点和终端点。如图 7.8（b）和图 7.9（b）所示，利用高斯计在相应位置测量磁感应强度，实测时，该值在一定范围内略有波动，取变化中的均值。然后参照图 7.8 与图 7.9 所示位置提取磁感应强度模拟数据，在 Origin 软件中与实测数据进行对比，分析磁场模拟结果的误差。

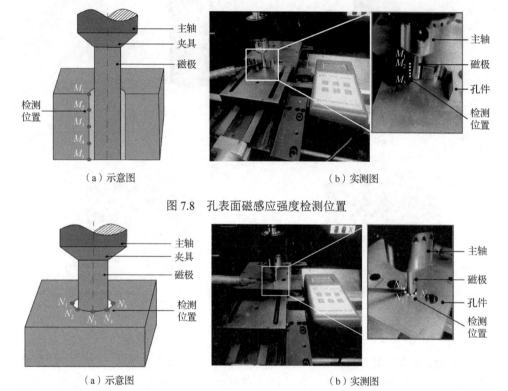

图 7.8　孔表面磁感应强度检测位置

图 7.9　孔缘处磁感应强度检测位置

7.2.3　磁极类型对磁场影响

尺寸相同的永久磁石的磁极一般包括径向充磁和轴向充磁两种类型，如图 7.10 所示。这两种类型的磁极都可以用于 MAF 法光整加工孔的内表面，但磁极类型与被加工零件是否导磁对磁场分布起着直接影响。

1. 充磁方向对非导磁材料磁场的影响

本节采用 Maxwell 软件分别模拟不同充磁方向对非导磁性材料磁感应强度和磁力线的分布形式。模拟的基本条件为：如图 7.11 所示，利用 SolidWorks 软件建立

ϕ6mm×14mm 的钕铁硼三维磁极模型，建立带有 ϕ10mm 通孔长、宽、高为 20mm× 20mm×14mm 的 TC4（非导磁）工件三维模型，并在 SolidWorks 软件内完成装配，转成 ".igs" 格式后，导入到 Maxwell 软件中进行磁场的仿真分析。永久磁极的矫顽力和相对磁导率分别设定为 8.75×10^{5}kA/mm 和 1.0998；工件和空气的相对磁导率均为 1.0。采用自由网格划分，网格划分精度为 1 级，划分网格后的模型如图 7.12 所示。

图 7.10　磁极类型对比

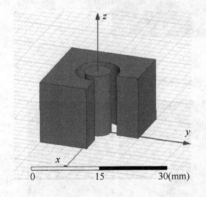

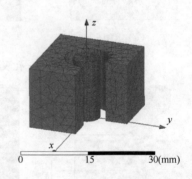

图 7.11　磁极与工件的三维模型　　　　　图 7.12　网格模型

模拟分析的平面云图能够展示磁场强度及磁感应线分布情况，如图 7.13 所示，沿孔内壁绘制一条直线，可以得出该直线上的磁感应强度分布曲线。为了便于与实测值进行比较，参照图 7.8，在该线上分别获取了 $M_1 \sim M_5$ 处磁感应强度的模拟值。

从图 7.13（a）中可以看出，采用径向磁极时，孔内壁有效区域磁感应强度对称且均匀分布，磁力线沿磁极径向分布并垂直于工件表面，可对孔表面实现有效研磨。$M_1 \sim M_5$ 处磁感应强度最大值约为 0.39T，最小值约为 0.31T；图 7.13（b）轴向充磁时，磁感应强度主要集中在孔的出入口而孔中间磁感应强度较弱，磁力线沿磁极轴向分布，即孔表面有效研磨区域较小。$M_1 \sim M_5$ 处磁感应强度最大值约为 0.36T，最小值约为 0.17T。为了便于比较磁感应强度模拟值与实际测量值的偏差，利用 Origin 软件绘制磁感应强度对比曲线，如图 7.14 所示。

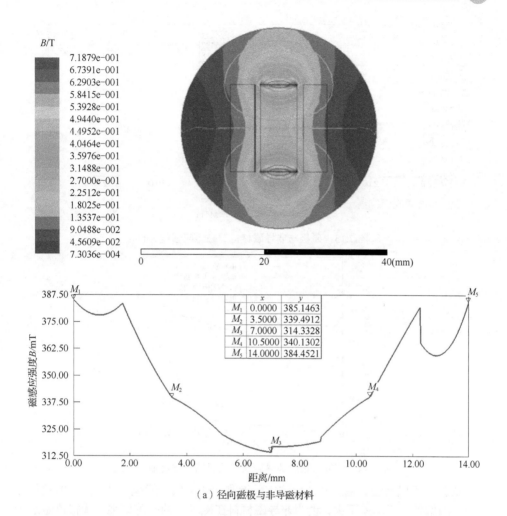

	x	y
M_1	0.0000	385.1463
M_2	3.5000	339.4912
M_3	7.0000	314.3328
M_4	10.5000	340.1302
M_5	14.0000	384.4521

（a）径向磁极与非导磁材料

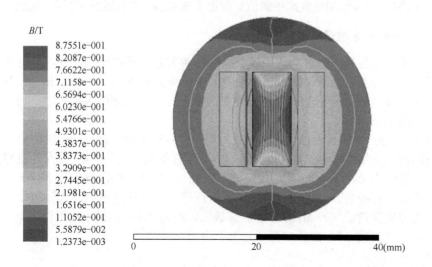

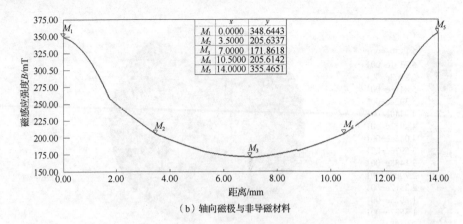

	x	y
M_1	0.0000	348.6443
M_2	3.5000	205.6337
M_3	7.0000	171.8618
M_4	10.5000	205.6142
M_5	14.0000	355.4651

（b）轴向磁极与非导磁材料

图 7.13   磁极与非导磁材料的磁感应强度分析

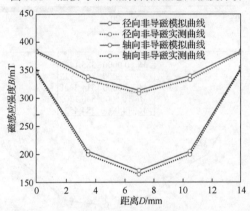

图 7.14   不同磁极时非导磁材料的磁感应强度曲线对比

从图中可以看出，磁感应强度的实际检测曲线略低于模拟曲线，两者的数值存在一定的偏差，但偏差不大，说明非导磁材料在磁场中的磁感应强度模拟值是准确的。另外，两端处的实际测量值比中间值更接近于模拟值，说明磁场越强偏差越小。

2. 充磁方向对导磁材料磁场的影响

为进一步探究磁极充磁方向与导磁材料的影响关系，模拟步骤不变，前处理过程中设定各部分参数，永久磁极（钕铁硼）的矫顽力为 $8.75 \times 10^5 kA/mm$；相对磁导率为 1.0998；铁（导磁）的相对磁导率为 4000；空气的相对磁导率为 1.0。仿真对比如图 7.15 所示。

从图 7.15（a）中明显看出，相对导磁材料，径向充磁时，磁极的磁感应强度分布比较均匀，磁力线更加密集且均匀地垂直于工件的加工表面，$M_1 \sim M_5$ 处磁感应强度最大值约为 0.59T，最小值约为 0.31T；图 7.15（b）中，磁力线平行于工件内表面并被工件吸收，与磁极内部形成闭合回路，工件两端磁力线比较集中，中间没有磁力线穿透，$M_1 \sim M_5$ 处磁感应强最大值约为 1.11T，最小值近似为 0，出现明显的"尖点效应"，磁感应强度分布不均匀。

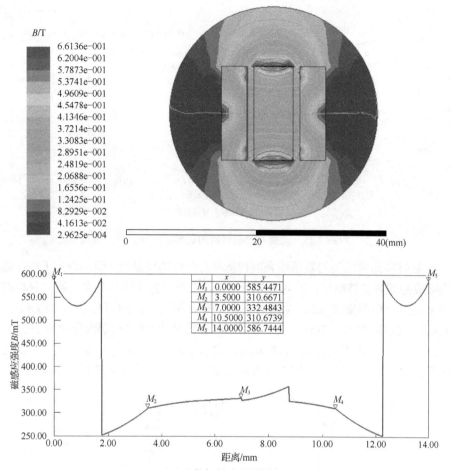

	x	y
M_1	0.0000	585.4471
M_2	3.5000	310.6671
M_3	7.0000	332.4843
M_4	10.5000	310.6739
M_5	14.0000	586.7444

（a）径向磁极与导磁材料

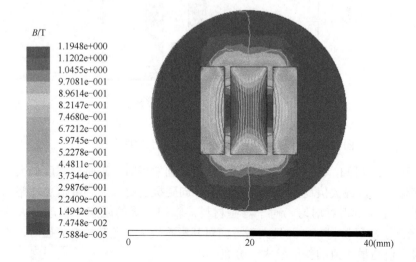

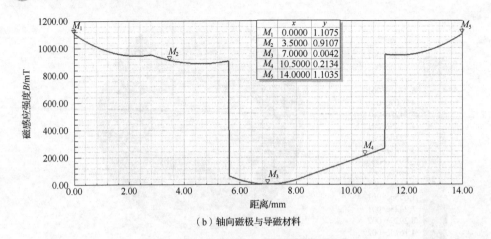

	x	y
M_1	0.0000	1.1075
M_2	3.5000	0.9107
M_3	7.0000	0.0042
M_4	10.5000	0.2134
M_5	14.0000	1.1035

（b）轴向磁极与导磁材料

图 7.15　磁极与导磁材料的磁感应强度分析

导磁材料孔内壁处的磁感应强度检测具有一定的局限性，因为导磁工件在磁场中会吸收磁通容易被磁化，若对其进行切割，会严重影响磁场分布，因此只检测孔内壁起始点 M_1 与端点 M_5。采用径向磁极时，两处的检测值分别为 583.3mT 和 584.5mT，与模拟值相差 2mT 左右；采用轴向磁极时，两处的检测值分别为 1104.2mT 和 1100.2mT，与模拟值相差 3mT 左右，说明导磁材料的磁感应强度模拟分析是有参考意义的。图 7.16 显示不同充磁方向及不同材料对磁感应强度影响的关系。

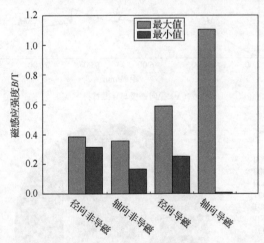

图 7.16　磁极类型及材料属性对磁感应强度的影响

分析图 7.16 可知，对于非导磁材料，使用径向磁极时，磁感应强度最大与最小差值变化不大，最大值均在 0.39T 附近，径向磁极的磁感应强度值总体略高于轴向充磁，且分布相对均匀。对于导磁材料，轴向磁极的磁感应强度最大值为 1.11T，远高于非导磁材料，并且充磁方向对其影响较大，尤其轴向充磁时，磁感应强度最大值与最小值的差值较大，分布不均。

综上所述，通过对比分析可知，导磁材料的磁场特性优于非导磁材料；径向磁极的磁感应强度分布好于轴向磁极，因此，在磁力研磨的过程中，建议优先选用径向磁极。

7.2.4 偏心距对磁场影响

1. 偏心距对非导磁材料磁场的影响

合理的偏心距对孔的研磨质量和效率有着重要影响，为了研究偏心距与磁感应强度分布规律，分别对径向磁极与孔轴线的偏心距 e 分别为 1.5mm、1.0mm、0.5mm 和 0 四种情况进行了模拟。从孔顶部俯视，模拟效果如图 7.17 所示。考虑到在孔圆周上磁感应强度呈现对称分布，沿孔缘绘制半圆以观察磁感应强度的分布规律，并取 $N_1 \sim N_5$ 五个模拟点作为磁场的验证点。

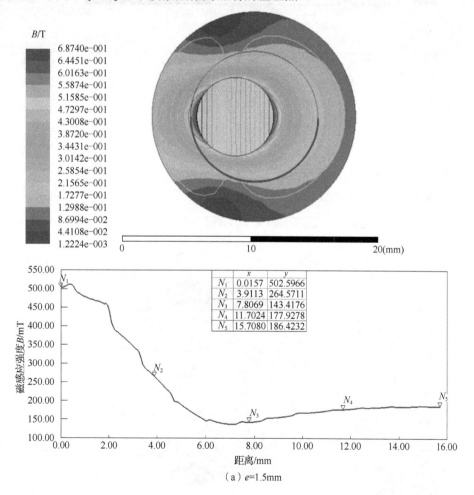

（a）e=1.5mm

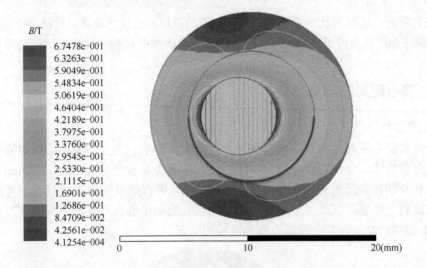

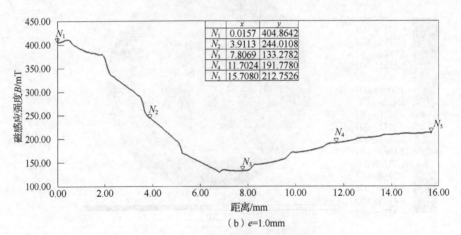

	x	y
N_1	0.0157	404.8642
N_2	3.9113	244.0108
N_3	7.8069	133.2782
N_4	11.7024	191.7780
N_5	15.7080	212.7526

（b）e=1.0mm

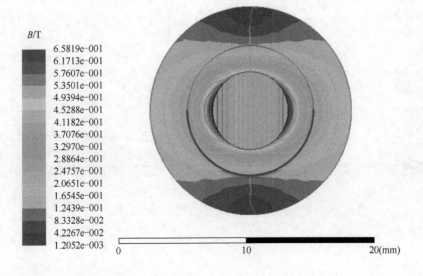

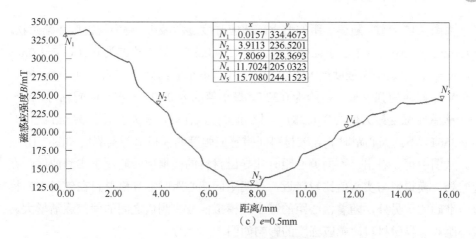

（c）e=0.5mm

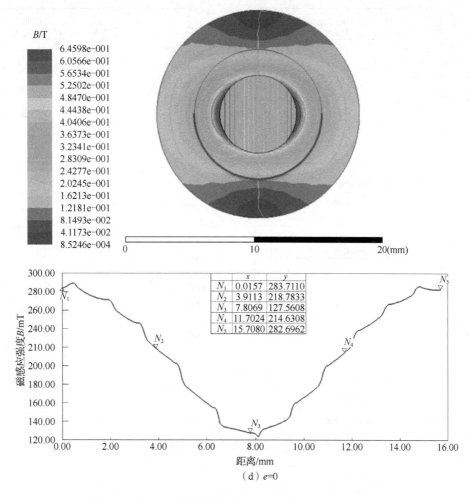

（d）e=0

图 7.17　偏心距对非导磁材料磁感应强度分布的影响分析

由图 7.17 可知, 随偏心距的增大磁感应强度逐渐减小, 磁力线密度逐渐疏松。$e=1.5\text{mm}$ 时, $N_1 \sim N_5$ 中磁感应强度最大值约为 0.51T, 最小值约为 0.14T; $e=1.0\text{mm}$ 时, $N_1 \sim N_5$ 中磁感应强度最大值约为 0.40T, 最小值约为 0.13T; $e=0.5\text{mm}$ 时, $N_1 \sim N_5$ 中磁感应强度最大值约为 0.33T, 最小值约为 0.13T; $e=0$, 即同轴时, $N_1 \sim N_5$ 中磁感应强度最大值约为 0.28T, 最小值约为 0.13T, 最大值低于 $\phi 8\text{mm}$ 磁极时的 0.356T。不同偏心距时非导磁材料间磁感应强度的模拟值与实测值如图 7.18 所示。从图中可以看出, 不同偏心距时非导磁材料的模拟曲线略高于实测曲线, 在起始处, 模拟值与实测值比较接近, 说明不同偏心距时非导磁材料在磁场中的模拟是准确的。另外, 随着偏心距的减小, 模拟值与实测值之间的偏差逐渐增大。偏心距对非导磁材料磁感应强度的影响如图 7.19 所示。

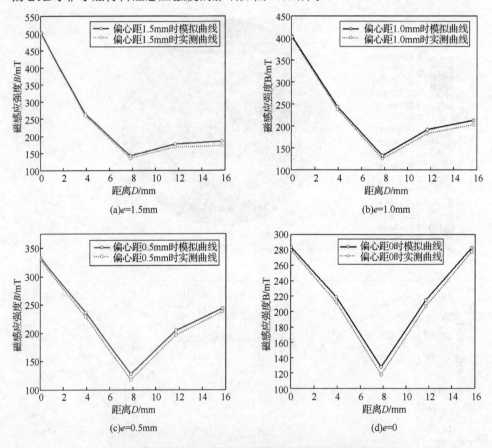

图 7.18　不同偏心距时非导磁材料的磁感应强度曲线对比

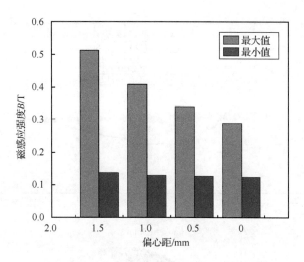

图 7.19　偏心距对非导磁材料磁感应强度的影响

对于非导磁材料，使用径向充磁磁极时，磁感应强度的最大值随着偏心距的减小，呈现逐渐下降的趋势分布，从 0.51T 降至 0.29T。磁感应强度的最小值随着偏心距的变化并不明显，基本处于 0.12～0.14T。

2. 偏心距对导磁材料磁场的影响

偏心距对导磁材料的磁感应强度分布影响如图 7.20 所示，另取 $N_1 \sim N_5$ 五个点的模拟值用于磁场验证。

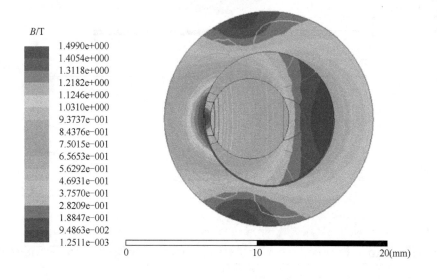

B/T

| 1.4990e+000 |
| 1.4054e+000 |
| 1.3118e+000 |
| 1.2182e+000 |
| 1.1246e+000 |
| 1.0310e+000 |
| 9.3737e-001 |
| 8.4376e-001 |
| 7.5015e-001 |
| 6.5653e-001 |
| 5.6292e-001 |
| 4.6931e-001 |
| 3.7570e-001 |
| 2.8209e-001 |
| 1.8847e-001 |
| 9.4863e-002 |
| 1.2511e-003 |

0　　　　　　10　　　　　　20(mm)

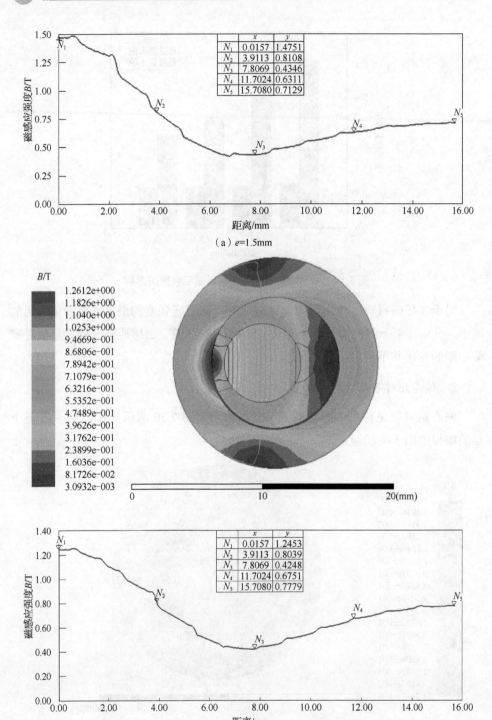

	x	y
N_1	0.0157	1.4751
N_2	3.9113	0.8108
N_3	7.8069	0.4346
N_4	11.7024	0.6311
N_5	15.7080	0.7129

（a）e=1.5mm

B/T

1.2612e+000
1.1826e+000
1.1040e+000
1.0253e+000
9.4669e-001
8.6806e-001
7.8942e-001
7.1079e-001
6.3216e-001
5.5352e-001
4.7489e-001
3.9626e-001
3.1762e-001
2.3899e-001
1.6036e-001
8.1726e-002
3.0932e-003

0   10   20(mm)

	x	y
N_1	0.0157	1.2453
N_2	3.9113	0.8039
N_3	7.8069	0.4248
N_4	11.7024	0.6751
N_5	15.7080	0.7779

（b）e=1.0mm

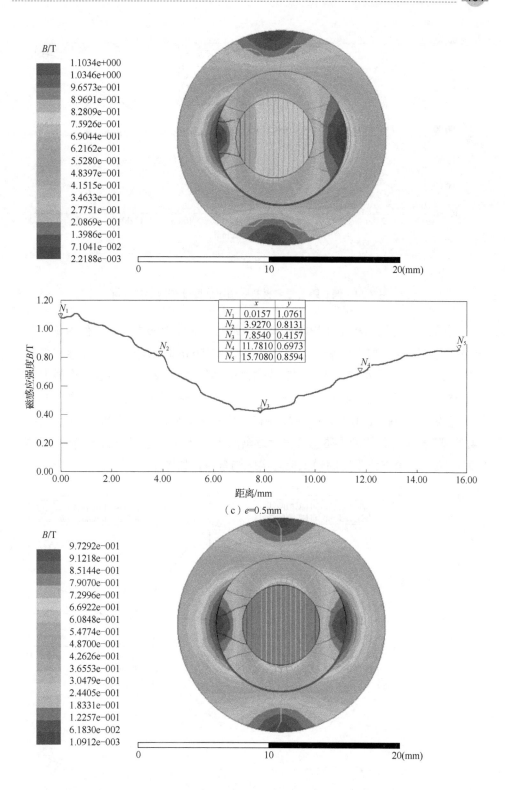

（c）e=0.5mm

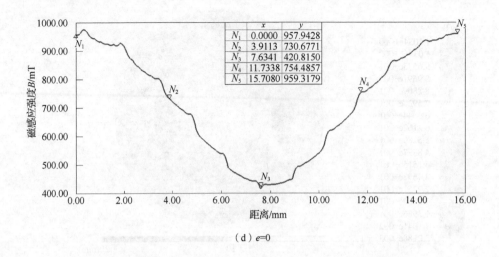

	x	y
N_1	0.0000	957.9428
N_2	3.9113	730.6771
N_3	7.6341	420.8150
N_4	11.7338	754.4857
N_5	15.7080	959.3179

（d）$e=0$

图 7.20　偏心距对导磁材料磁感应强度分布的影响分析

由图 7.20 可知，相比非导磁材料，导磁材料的磁力线垂直于工件内壁，有利于提高研磨区域的加工效率及加工质量。当 $e=1.5\text{mm}$ 时，$N_1 \sim N_5$ 中磁感应强度最大值约为 1.48T，最小值约为 0.43T；$e=1.0\text{mm}$ 时，$N_1 \sim N_5$ 中磁感应强度最大值约为 1.25T，最小值约为 0.42T；$e=0.5\text{mm}$ 时，$N_1 \sim N_5$ 中磁感应强度最大值约为 1.08T，最小值约为 0.42T；$e=0$ 时，$N_1 \sim N_5$ 中磁感应强度最大值约为 0.96T，最小值约为 0.42T。随着偏心距的增大磁感应强度逐渐减小，磁力线逐渐疏松。绘制不同偏心距时导磁材料磁感应强度的模拟值与实际测量值，如图 7.21 所示。

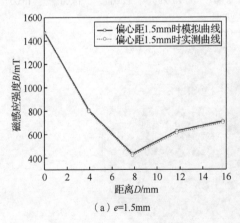

（a）$e=1.5\text{mm}$

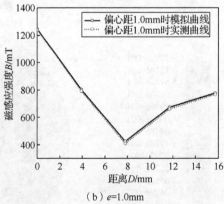

（b）$e=1.0\text{mm}$

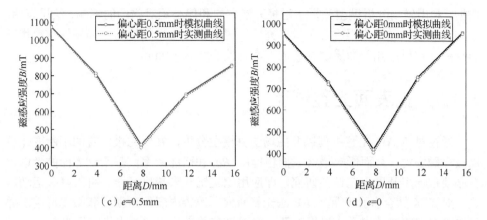

（c）e=0.5mm　　　　　　　　　（d）e=0

图 7.21　不同偏心距时导磁材料磁感应强度曲线对比

从图中可以看出，导磁材料的实际检测曲线略低于模拟曲线，但几乎与模拟曲线重合，表明导磁材料的磁场模拟也是准确的。相比于非导磁材料而言，导磁材料在磁场中模拟的精确度更高。偏心距对导磁材料磁感应强度的影响如图 7.22 所示。

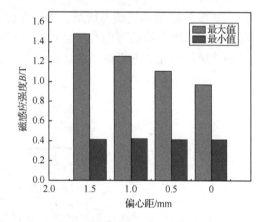

由图 7.22 可知，随着偏心距的减小，最大磁感应强度也呈现线性下降趋势，这与偏心距对非导磁材料的磁感应强度变化趋势一致。但 $e=1.5$mm 时的最大磁感应强度值为 1.48T，远高于非导磁材料时的最大值 0.51T。不同偏心距的最小磁感应强度值均为

图 7.22　偏心距对导磁材料磁感应强度的影响

0.42T，也高于非导磁材料时的 0.12～0.14T。

综上所述，偏心距影响磁粒刷的刚度，偏心距小时，磁感应强度减弱，磁粒刷刚度小，材料去除效率不高；偏心距大时，磁感应强度增强，磁粒刷刚度大，材料表面受到较大研磨压力作用，材料去除率提升，但过大的研磨压力，也可能给孔表面带来新的损伤。另外，过小的间隙，也会使磨粒的存量下降，从而导致研磨质量和效率并不理想。使用 ϕ6mm 径向磁极针对非导磁 ϕ10mm 孔偏心研磨，$e=1.0$mm 时磁感应强度最大值 0.40T 大于 ϕ8mm 径向磁极同轴研磨时的 0.356T。结合试验及模拟分析，磁力研磨孔表面时优选的方案为 $e=1.0$mm。

总结来看，在 MAF 加工过程中，磁场分析至关重要，通过将 Maxwell 软件对磁场分布建立了仿真模型，将仿真值与高斯计实测磁感应强度进行了比较，验证了磁场分析模型的正确性与准确性，为后续 MAF 试验研究提供了必要的参考

依据。利用磁场分析模型分析了磁极充磁方向和偏心距对磁场的影响，结果表明：径向充磁时，磁感应强度好于轴向充磁，磁力线分布更加均匀；导磁性材料优于非导磁性材料；孔表面研磨优选的方案为偏心距 $e=1.0\text{mm}$。

7.3 孔表面光整试验

通过对 MAF 光整机理以及磁场仿真模型分析，发现磁极位置的不断变化可以改变磁场力，从而影响最终表面粗糙度 Ra 和研磨效率。基于这方面的考虑，有必要进一步开展工艺试验研究，即应用螺旋铣孔末端执行器，引入复杂运动轨迹，对 TC4 钛合金孔开展 MAF 法光整研究，改善内表面粗糙度和微观形貌，并优选光整工艺参数组合，以提高孔表面质量使其满足相关技术指标要求。

7.3.1 孔内表面精整机理

如图 7.23 所示，磁力研磨孔内表面的工艺中，磁性磨粒在永磁铁的作用下被磁化，并沿磁力线的方向有序地排列，形成柔性的磁粒刷，当磁极旋转时磁场带动磁性磨粒在孔的内表面相对运动，从而实现对孔表面的光整加工。

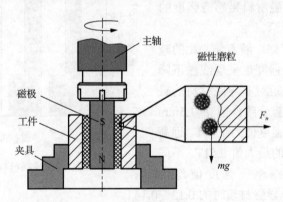

图 7.23 孔表面研磨的基本方案

1. 单颗磁性磨粒受力分析

磁力研磨孔表面的机理研究，涉及磁场、流体场和温度场等知识，本节将主要针对磁粒刷中的单颗磁性磨粒开展基本受力分析。磁性磨粒在烧结过程中呈现出不同形状，如图 7.24（a）所示，但为了分析方便，近似认为都是圆球状，单颗磨粒的受力分析如图 7.24（b）所示。

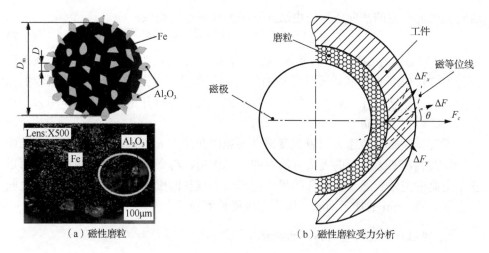

（a）磁性磨粒　　　　　　　　　（b）磁性磨粒受力分析

图 7.24　单颗磁性磨粒的受力分析图

从图 7.24 中可以看出，与孔表面接触的磁性磨粒起到光整加工作用，在加工区域受沿磁力线方向的力 ΔF_x 和沿磁等位线方向的力 ΔF_y，合力为 ΔF。各力的计算公式[35]为

$$\begin{cases} \Delta F_x = V_0 \chi H \left(\dfrac{\partial H}{\partial x} \right) \\[2mm] \Delta F_y = V_0 \chi H \left(\dfrac{\partial H}{\partial y} \right) \end{cases} \tag{7.4}$$

式中，V_0 为磁性磨粒的体积；χ 为磁性磨粒的磁化率；H 为磁场强度；$\partial H / \partial x$、$\partial H / \partial y$ 分别为沿 x、y 方向磁场强度的变化率。其合力为

$$\Delta F = \sqrt{\Delta F_x^2 + \Delta F_y^2} \tag{7.5}$$

合力 ΔF 的方向始终指向加工区域，另外，根据式（7.4）可知，$\chi \neq 0$、$\partial H / \partial x \neq 0$ 和 $\partial H / \partial y \neq 0$ 是磁场保持力存在的充分必要条件。由此表明，若想磁场力存在，仅有磁场是不够的，还要有磁性磨粒和磁场梯度的变化。而磁场力存在才能将无序排列的磁性磨粒束缚，形成压附在工件表面的磁粒刷，当磁粒刷与工件表面之间产生相对运动时，磁性磨粒实现光整加工。

磁性磨粒在受到磁场力的作用下压附在孔的内表面时，磁性磨粒受力还包括主轴自转时产生离心力 F_c 以及磨粒的自重 mg。当磨粒与磁极同步转动时，F_c 的大小如下：

$$F_c = m \frac{v^2}{R} = m\omega^2 R = m \left(\frac{2\pi n}{60} \right)^2 R \tag{7.6}$$

式中，F_c 为磨粒所受的离心力，N；v 为磨粒速度，m/s；R 为孔半径，m；ω 为磁性磨粒的角速度，rad/s；n 为磁极转速，r/min。因此，在加工间隙内的磁性磨粒对孔表面产生的法向压力是由法向磁场力和离心力组成：

$$F_n = \Delta F\cos\theta + F_c = \Delta F\cos\theta + m\omega^2 R \qquad (7.7)$$

式中，θ 为磁场力 ΔF 与 F_c 的夹角。磁场力 ΔF 可以通过改善磁场强度 H（或磁感应强度 B）、磁极的形状以及外磁场的回路的分布模式来提高。单颗磁性磨粒的重力一般可以忽略不计，磁性磨粒堆积时，磁性磨粒之间有一定的相互作用力，在简化分析时也可忽略。

通过调整磁极转速 n 可以改变磁性磨粒的角速度 ω。孔表面研磨时，内表面对磁性磨粒离心力引起的飞离有明显的抑制作用，与平面磁力研磨相比较，可以使用更高的主轴转速。根据孔的尺寸选择略小直径的磁极，一般磁极与工件之间预留 0.5～2.0mm 的加工间隙，用于充填磁性磨粒。

2. 磁粒刷对孔内壁的作用力分析

如图 7.25 所示，在磁力研磨过程中，适量的磁性磨粒填入磁极与工件的间隙内，磁性磨粒在磁场的作用下相互吸引，排列时使自身长轴沿磁力线方向形成一条条自磁极到待加工表面排列的磁性磨粒链（磁粒刷）[36]。

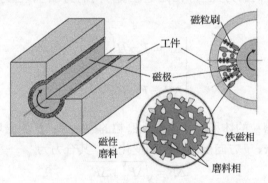

图 7.25　工件表面排列的磁性磨粒链

根据电磁理论可知，当磁感应强度方向垂直于两种不同导磁性能材料（相对磁导率不同）的接触面时，会在这个接触面上产生一个压力，仅考虑两材料的磁导率时，压力大小为[35]

$$P = \frac{B^2}{2}\left(\frac{1}{\mu_1} - \frac{1}{\mu_2}\right) \qquad (7.8)$$

式中，B 为作用表面的磁感应强度，T。μ_1、μ_2 为不同材料的相对磁导率。

设磁性磨粒的相对磁导率为 μ_{m}，则接触面压力又可表示为

$$P = \frac{B^2}{2\mu_0}\left(1 - \frac{1}{\mu_{\mathrm{m}}}\right) \qquad (7.9)$$

　　由于磁粒刷是磁性磨粒按有序排列而成，而磁性磨粒由铁基体（Fe）和磨粒相（Al_2O_3）以及空气构成。按照电学和磁学的相似性，并结合 Eucken 原理，推导出磁粒刷的相对磁导率为

$$\mu_{rm} = \frac{\mu_g}{\mu_\alpha} \cdot \frac{1 - 2\left(V_u \dfrac{\mu_g - \mu_\alpha}{2\mu_u + \mu_g} + V_f \dfrac{\mu_g - \mu_f}{2\mu_\alpha + \mu_f} \right)}{1 + \left(V_a \dfrac{\mu_g - \mu_\alpha}{2\mu_g + \mu_\alpha} + V_f \dfrac{\mu_g - \mu_f}{2\mu_g + \mu_f} \right)} \tag{7.10}$$

式中，V_a 为磁性磨粒中含 Al_2O_3 的体积；V_f 为磁性磨粒中含 Fe 的体积；μ_g、μ_α、μ_f 分别为空气、Al_2O_3、Fe 的磁导率。

　　由于 Al_2O_3 和空气的磁化率 $\chi \approx 0$，所以 $\mu_a \approx \mu_g \approx \mu_0$，并根据电磁学的理论得铁磁性材料的相对磁导率 $\mu_r = \mu_f / \mu_0$。进而，式（7.10）可简化为[37]

$$\mu_{rm} = \frac{2 + \mu_r - 2(1 - \mu_r)V_f}{2 + \mu_r + (1 - \mu_r)V_f} \tag{7.11}$$

　　设每个磁性磨粒中 Fe 所占的体积分数为 ω，则 $V_f = \omega\pi / 6$，因此，式（7.11）可简化为

$$\mu_{rm} = \frac{6(2 + \mu_r) - 2\pi(1 - \mu_r)\omega}{6(2 + \mu_r) + \pi(1 - \mu_r)\omega} \tag{7.12}$$

则式（7.9）可写为

$$P = \frac{B^2}{4\mu_0} \cdot \frac{3\pi(\mu_r - 1)\omega}{3(2 + \mu_r) + \pi(\mu_r - 1)\omega} \tag{7.13}$$

　　由式（7.13）可以看出，当磁感应强度一定时，研磨压力随着磁性磨粒中的体积分数增加而增大；当磁性磨粒的体积分数一定时，外部的磁感应强度增大也会使研磨压力增大。所以影响研磨压力的两个因素分别为磁感应强度和铁磁相所占的体积分数。

7.3.2　TC4 钛合金孔表面光整试验

　　TC4 钛合金具有很多优点，在航空航天等领域应用广泛，但制孔加工后，孔表面易有加工纹理和毛刺，这将严重影响零件的装配精度与使用寿命[38]。综上分析可知，尽管 TC4 钛合金属于难加工材料，但是基于 MAF 法利用磁场束缚磁性磨粒形成磁粒刷压附在孔的表面，通过驱动磁粒刷转动，使其对工件进行划擦与切削，应可以实现对 TC4 钛合金孔表面光整，本节将基于 MAF 法，使用改进方案进行试验对比研究。

1. 试验方案

以 A（磁极转速 n_1）、B（磨料平均直径）和 C（磨料填充量）这三个参数进行磁极与孔同轴的研磨试验，分析不同工艺参数对表面粗糙度 Ra 的影响。使用正交试验法设计试验，拟通过对试验数据的极差与方差分析，找出高效高质量研磨 TC4 钛合金孔的工艺参数组合。另外，因合理规划磁粒刷的抛光轨迹可以提高平面均匀性[39]，并参照磁场分析的结论，进一步从试验验证偏心研磨孔方案的可行性。图 7.26 为 MAF 法研磨 TC4 钛合金孔的基本方案，图中 n_1 为磁极转速（自转速度），n_2 为磁极绕孔轴线转速（公转速度），e 为磁极轴线与孔轴线的距离。加工方式为磁极与孔轴线重合（e=0，n_2=0）或磁极与孔轴线偏心（$e\neq0$，$n_2\neq0$）。当主轴带动磁极旋转时，磁性磨粒在磁场作用下形成磁粒刷，不断扫过待加工表面，由于磁粒刷与工件表面存在压力，磁粒刷末端的磨粒会对孔件表面产生划擦、摩擦等微量切削作用，从而实现对孔表面的研磨[40]。

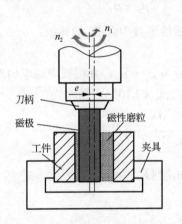

图 7.26 MAF 法研磨 TC4 钛合金孔的方案

2. 试验设计

1）试验方法

为了保证试验的科学性，在磁力研磨前，利用研磨棒和砂纸对孔进行预磨，保证所有孔内壁的表面粗糙度 $Ra\approx2.5\mu m$。确认研磨的试验条件如表 7.1 所示，偏心研磨时，每公转一周，磁极同轴回位后再进行下一公转。本节采用正交试验法，评价各工艺参数对表面粗糙度 Ra 的影响程度。考虑到磁极与孔偏心研磨时，可能会促进磁粒刷的不断变形，加速磨粒的翻滚更替，从而可以提升研磨效率，因此基于同轴试验得到的优选工艺参数，开展同轴回位式偏心研磨试验研究。本节采用 ϕ6mm 的径向磁极试验，磁极自转速度 n_1=2100r/min，同时绕孔圆心线进行公转的速度 n_2=30r/min，偏心距 e 分别为 0.5mm、1.0mm、1.5mm，具体加工条件如表 7.2 所示，在每公转一周后，磁极都要回到孔圆心，以使偏心研磨时被排挤到外缘的磨粒，在磁场约束下重新聚集形成新的磨粒刷，再进行下一周研磨。

表 7.1 MAF 法试验条件

名称	参数	
	同轴研磨	偏心研磨
工件	TC4 钛合金，ϕ10mm ×12mm 通孔	
磁极（钕铁硼）	径向磁极，ϕ8mm ×30mm	径向磁极，ϕ6mm ×40mm
磨料/研磨液	Fe 和 Al$_2$O$_3$ 烧结磨料/水基研磨液	
n_1	A（见表 7.2）	2100r/min
n_2	0	30r/min
e	$e=0$	$e=0.5mm, 1.0mm, 1.5mm$
B	见表 7.2	250μm
C	见表 7.2	10g
总研磨时间	40min	30min

表 7.2 试验参数和水平

水平	参数		
	A/(r/min)	B/μm	C/g
1	500	380	6
2	1000	250	8
3	1500	180	10
4	2100	150	12
5	3000	120	14

2）试验装置

图 7.27 为试验装置。其中，磁极由 VMC850E 数控加工中心（最高转速 8000r/min）的夹头刀柄夹持，工件由虎钳可靠定位。使用对刀仪找到孔圆心，磁极吸附磨料后，通过导入含工艺参数信息的程序，控制磁极进入工件孔内，并按照设定参数开始研磨。

刀柄
磁极
磨料
工件
夹具
测力仪

图 7.27 磁力研磨试验装置

3. 结果与分析

1）同轴研磨结果分析

每组试验结束后，利用 JB-8E 触针式表面粗糙度测量仪分别在孔圆周的 4 个均布位置采集 Ra 值，取其平均值作为试验结果。根据表面粗糙度测量数据，用 Origin 软件绘制表面粗度 Ra 与参数 A、B 和 C 的关系曲线，如图 7.28 所示。

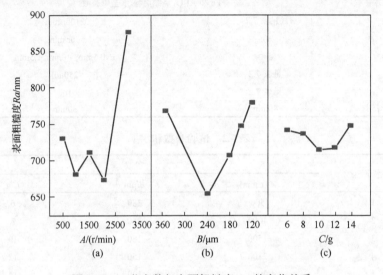

图 7.28 工艺参数与表面粗糙度 Ra 的变化关系

由图 7.28（a）可知，随着 A（磁极转速 n_1）的增加，孔的表面粗糙度 Ra 值呈现先减小后增大的趋势。A 过高导致磁性磨粒严重飞溅，加工区域内参与研磨的磁性磨粒减少，使磁粒刷的刚度减弱，对孔件表面形成的有效压力减小，研磨效率下降，表面粗糙度 Ra 降速变缓；转速过低时，磁粒刷的稳定性好，但磨料与孔表面相对速度较低，使得切削效率下降，最终导致 Ra 降速较慢。由图 7.28（b）可知，随着 B（磨料平均直径）的增大，孔的表面粗糙度 Ra 值呈现先减小后增大的趋势。B 的转折点为 $250\mu m$，B 越大，单颗粒子所受的磁场力增大，切削深度增大，孔表面的初始切痕得以去除，但磨粒自身造成的划痕也很大，因此加工后工件表面粗糙度 Ra 值也很大。B 过小时，所受的磁场力较小，单颗研磨粒子的吃刀量较小，研磨切削功能低下，虽然能够研磨孔表面上的原始切痕，但是无法彻底去除，最终的表面粗糙度 Ra 不会显著降低。由图 7.28（c）可知，随着 C（磨料填充量）的增加，孔表面粗糙度 Ra 值呈现先减小后增大的规律。若 C 过多，部分磨料由于小于离心力的作用而脱离加工区域向外飞散；如果 C 过少，实际参与研磨的磨料数量过少，导致研磨能力下降，工件表面粗糙度 Ra 下降缓慢。因此，当磁感应强度（主要取决于磁极）和偏心距固定后，A、B 和 C 这三个因素要合理配置，才能得到良好的研磨效率和研磨质量。

表 7.3 为 TC4 钛合金孔的正交试验数据分析，其中 T_i 为各因素的同一水平试验指标之和；T 为 25 个试验号对应的试验指标之和，计算后得 $T=18370$；X_i 为各因素同一水平试验指标的平均数。

表 7.3 正交试验数据分析

指标	A/(r/min)	B/μm	C/g
T_1	T_{A1}=3574	T_{B1}=3991	T_{C1}=3690
T_2	T_{A2}=3398	T_{B2}=3758	T_{C2}=3653
T_3	T_{A3}=3558	T_{B3}=3523	T_{C3}=3578
T_4	T_{A4}=3358	T_{B4}=3246	T_{C4}=3679
T_5	T_{A5}=4482	T_{B5}=3852	T_{C5}=3770
X_1	X_{A1}=714.8	X_{B1}=798.2	X_{C1}=738.0
X_2	X_{A2}=679.6	X_{B2}=751.6	X_{C2}=730.6
X_3	X_{A3}=711.6	X_{B3}=704.6	X_{C3}=715.6
X_4	X_{A4}=671.6	X_{B4}=649.4	X_{C4}=735.8
X_5	X_{A5}=896.4	X_{B5}=770.4	X_{C5}=754.0

通过正交试验的极差分析法可以找到影响表面粗糙度 Ra 的主要因素，以及最佳因素水平组合。方差分析法可以找出有显著作用的因素，以及推算出指标最优的水平和工艺条件。表 7.4 为 TC4 试验数据的极差分析，表 7.5 为 TC4 试验数据的方差分析。该试验的 25 个观测值总变异由 A、B 和 C 三个因素及误差变异 E 四部分组成，$F_\alpha(k_1,k_2)$ 表示自由度为 (k_1,k_2) 的 F 分布上的 α 分位数。

表 7.4 试验数据极差分析

影响因素	优化级别	极差 R
A/(r/min)	A4	R_A=224.8
B/μm	B2	R_B=149.0
C/g	C3	R_C=38.4

表 7.5 试验数据方差分析

因素	偏差平方	自由度	均方值	F	$F_\alpha(k_1,k_2)$
A	170470.4	4	42617.6	176.39	$F_{0.01}(4,12)$=5.41
B	69042.8	4	17260.7	71.44	$F_{0.05}(4,12)$=3.26
C	3830.8	4	957.7	3.96	$F_{0.1}(4,12)$=2.48
E	2899.4	12	241.6		
总计	246243.4	24			

通过表 7.4 和表 7.5 中极差与方差的试验数据分析可知，三个工艺参数影响程度的顺序为 A>B>C，说明 A 与 B 对表面粗糙度 Ra 的影响程度高于 C。基于 MAF

工艺研磨 TC4 钛合金孔的最佳参数组合为 $A4B2C3$，即当磁极转速 2100r/min、磨料平均直径 250μm、填充量 10g 时，研磨后的 TC4 钛合金孔表面粗糙度 Ra 最小。

TC4 钛合金在研磨前后的表面粗糙度和形貌比较如图 7.29 所示。从图 7.29（a）中可以看到孔表面形貌较差，有较深的切痕、黑色斑点以及零星分布的凹坑，其表面粗糙度 Ra 曲线波动幅值较大。如图 7.29（b）所示，研磨后孔表面粗糙度 Ra 值由 2.53μm 下降到 0.51μm，且曲线波动幅度明显减小；毛刺以及加工痕迹被有效去除，表面形貌更加均匀平整。

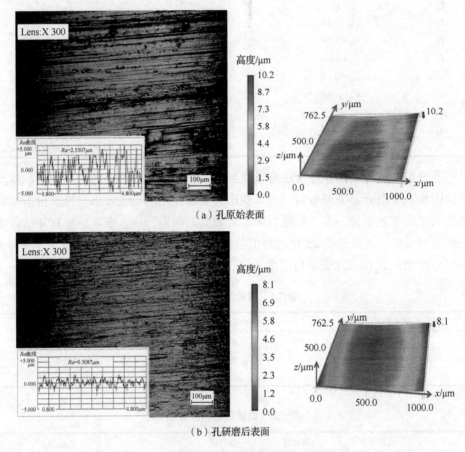

（a）孔原始表面

（b）孔研磨后表面

图 7.29　同轴研磨时孔的表面粗糙度 Ra 与形貌比较

2）偏心研磨试验结果分析

图 7.30 为偏心研磨试验结果。如图 7.30（a）所示，$e=0.5mm$ 加工后，表面粗糙度 Ra 约为 0.99μm，孔表面形貌明显改善，黑色斑点被有效去除，但仍存在较浅的切痕及凹坑；如图 7.30（b）所示，$e=1.0mm$ 加工后，Ra 约为 0.44μm，孔表面切痕及斑点几乎被完全去除，微观纹理均匀、细密，表面质量显著提高，表面粗糙度减小；如图 7.30（c）所示，$e=1.5mm$ 加工后，Ra 约为 0.57μm，表面形

貌显著改善，斑点及凹坑被有效去除，但个别处仍存在较浅切痕。

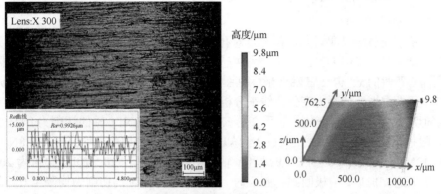

（a）e=0.5mm研磨后表面

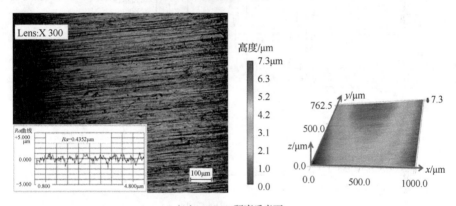

（b）e=1.0mm研磨后表面

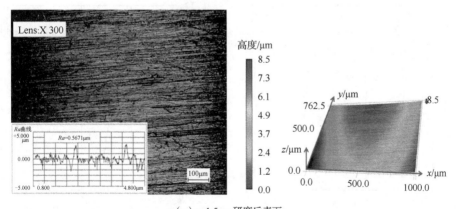

（c）e=1.5mm研磨后表面

图 7.30　偏心研磨后孔的表面粗糙度 Ra 与表面形貌

分析可知，当 e=1.0mm 时效果较好，与 e=0 方案比较，表面粗糙度 Ra 下降

14.4%，而研磨效率提升 25.0%。该试验结果与 7.2 节磁场分析结果一致，进一步
验证了前期模拟的有效性。

3）研磨切削力分析

分析以上试验结果可知，偏心距对孔表面质量有着重要影响。为进一步研究，
在偏心试验时，采用 FC3D60 三轴力传感器（精度等级为 1%FS）和数据采集器对
不同偏心距时的 x、y、z 三轴（坐标见图 7.27）力进行采集，分别提取了偏心研磨
时三个周期左右的切削力变化曲线来分析，如图 7.31 所示。由图 7.31（a）可知，
x 轴的切削力呈周期性变化，介于-2.5～7.5N，幅值为 10N，y 轴的切削力介于-7～
3N，幅值也为 10N；由图 7.31（b）可知，x 轴和 y 轴的切削力均介于-5～8N，幅
值为 13N；由图 7.31（c）可知，x 轴和 y 轴的切削力均介于-10～10N，幅值为 20N。
在每圈研磨完成后，磁极回到孔圆心时，x 轴、y 轴和 z 轴的切削力均降至 0 附近。

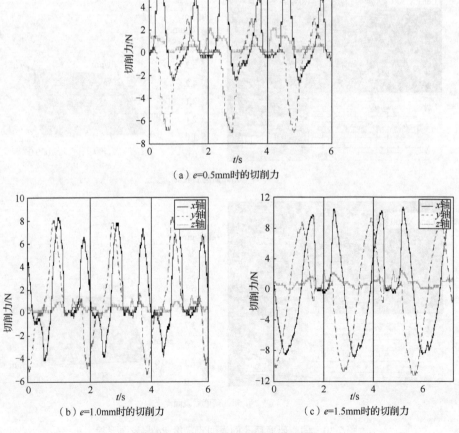

（a）e=0.5mm时的切削力

（b）e=1.0mm时的切削力   （c）e=1.5mm时的切削力

图 7.31　偏心研磨时的切削力测量

　　分析图 7.31 还可以看出，随着偏心距 e 的增大，x 轴和 y 轴的切削力变化幅度也增大，而 z 轴的切削力均约为 0。当 $e=0.5mm$ 时，孔受到的切削力较小，磁粒刷的刚性不强，磨料的翻滚和切削刃更替能力降低，使得磁性磨粒对孔表面毛刺、切痕及凹坑的切削作用减弱，研磨效率不高，因此，孔的表面质量较差。当 $e=1.5mm$ 时，孔受到较大的切削力，磁粒刷的刚性较强，对孔内壁的切削作用增大，在研磨过程中，磨粒之间相互挤压、碰撞，对孔表面造成较深的新划痕，此时会产生过磨现象，因此，研磨加工后，孔的表面形貌并不理想。当 $e=1.0mm$ 时，孔受到的切削力较合适，磨料能够很好地翻滚换位，从而提高了磨粒切削刃的更替，有效地去除了孔表面的切痕及斑点，孔的表面质量较均匀平整，表面粗糙度 $Ra=0.44\mu m$，获得了比较好的研磨效果。为了进一步分析偏心研磨的过程，绘制偏心研磨过程如图 7.32 所示。

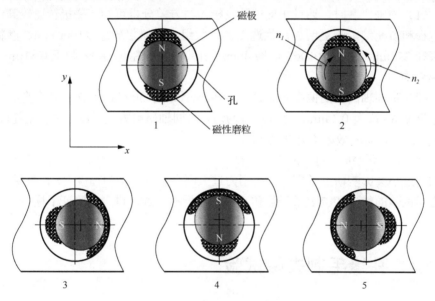

图 7.32　偏心研磨过程分析

　　如图 7.32 所示，研磨时磁极的运动过程为从 1→2→3→4→5 顺序进行，并不断循环，因为偏心的存在，磨粒与孔表面接触区域会随着 n_2 而发生改变，故 x 轴和 y 轴测得的切削力也在正负之间周期变化，而每次回到顺序 1 时（孔与磁极同轴），x 轴和 y 轴测得的切削力都大幅下降至 0 附近。磁极带动磁粒刷对孔表面进行非连续研磨，在磁粒刷经过磁极与孔之间的小间隙区域时，磁粒刷的形态被迫变小，以便磁性磨粒从间隙处通过，并对孔内面完成一次加工；当磁极带动磁粒刷经过大间隙区域时，磁粒刷的形态开始恢复，而当磁粒刷再次经过小间隙区域时，其新形态的磁粒刷再次被破坏，周而复始。这种周而复始的运动方式，进一步加快了磨粒切削刃更新，提高了研磨效率。

与偏心研磨时 z 轴切削力类似，同轴研磨过程中 z 轴的切削力也约为 0。同轴研磨时，理论上磁粒刷对孔表面接触区域均有切向作用力，即 x 轴和 y 轴的正负方向均受到切削力，且合力大小相等，方向相反，相互抵消。而偏心研磨时，z 轴不受力，x 轴和 y 轴受到的切削力均随着磁极的转动呈现类正弦的周期性变化。虽然偏心研磨时，其瞬时研磨的有效区域小于同轴研磨，但因其切削力显著增大，且偏心研磨时，磁极频繁同轴回位，此时各轴切削力等同同轴研磨状态，但该时刻有利于新的磁粒刷形成，从而加速了磨粒翻滚和切削刃更新，使得最终的研磨效率显著提升。

使用同轴研磨和带同轴回位的偏心研磨方案，对 TC4 钛合金孔的内表面进行了研磨试验研究，通过正交试验法研究了磁极转速、磨粒直径和磨粒填充量三个参数的影响程度，得出优选参数组合，并通过试验加以验证。主要结论如下。

（1）同轴研磨时，通过正交试验及极差与方差分析可知，磁极转速较磨料平均直径和填充量影响更明显，优选工艺参数组合为磁极转速 2100r/min、磨料平均直径 250μm、填充量 10g，研磨 40min 后孔的表面粗糙度 Ra 降至 0.51μm，微观形貌均匀。

（2）带同轴回位的偏心研磨时，e=1mm 且研磨 30min 后 TC4 钛合金孔的表面粗糙度 Ra 降至 0.44μm，微观形貌均匀。与同轴研磨方案对比，表面粗糙度 Ra 下降 14.4%，研磨效率提升 25.0%。

（3）偏心研磨时，随着偏心距 e 的增大，x 轴和 y 轴的切削力变化幅度也增大，切削力过小会影响研磨效率，而切削力过大则会影响表面粗糙度 Ra 和微观形貌；偏心距试验的结果和 7.2 节磁场仿真模型分析相一致，进一步验证了模型的有效性。

7.4 孔缘毛刺去除试验

制孔时，一般都会在孔的圆周方向上产生毛刺，这些毛刺多集中在出口和入口边缘，毛刺不仅会引起尺寸误差，影响后续装配，还可能会成为裂纹的起点，导致孔处连接部件疲劳、寿命缩短，甚至失效。孔入口的毛刺一般都很小，通过选择合适的制孔类型并优化制孔工艺参数，可以将入口毛刺控制在可用范围内。但孔出口的毛刺一般都大于入口毛刺，主要出现在内表面和出口表面的交叉边缘。出口毛刺会影响切屑的排出，并最终影响产品精度和表面粗糙度，也会加剧钻头磨损，是后续装配工艺的障碍，必须加以去除。如果采用常规打磨等手段去除孔缘毛刺，还经常会出现毛刺翻转到孔内的问题。基于孔缘毛刺去除需求，本节提出了螺旋运动与 MAF 法复合的螺旋进给式偏心研磨方案，基于螺旋铣孔末端执行器驱动磁极实现复杂螺旋运动轨迹的方案，对孔缘毛刺的去除机理和工艺开展研究。

7.4.1 孔缘毛刺去除机理分析

　　孔缘毛刺研磨机理如图 7.33 所示。从图中能够看出，磁极停留在孔件上方合适的研磨位置，磁粒刷受磁场作用将棱边毛刺紧紧包裹，磨粒之间排列整齐且互相吸引。当磁极旋转时，磁粒刷会不停地研磨棱边毛刺及孔件表面，其研磨过程不是单颗磁性磨粒的微量切削，而是每条磁粒刷上的磁性磨粒共同作用，如同锋利的刀刃一般，不断地切割棱边毛刺与孔件表面。研磨过程中，由于"尖点效应"，棱边毛刺受到较大的作用力，优先被磁粒刷研磨切削。研磨结束后，毛刺得以去除，研磨质量较高。

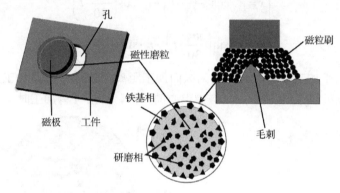

图 7.33　磁粒刷研磨孔缘毛刺的机理

1. 毛刺受力分析

　　为了提高孔缘毛刺的去除效率和质量，本章提出了同轴研磨和螺旋进给式偏心研磨两种方案，为了方便观察与比较，对两种研磨方案进行了三维建模，两种磁力研磨方案比较如图 7.34 所示。

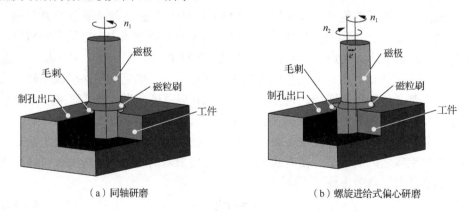

（a）同轴研磨　　　　　　　　　　　（b）螺旋进给式偏心研磨

图 7.34　两种磁力研磨方案比较

图 7.34（a）为同轴研磨（方案一），磁性磨粒被直径大于孔径的磁极约束，磁极的轴线与孔的轴线方向重合并且与出口表面保持一定的间隙。由于磁场的旋转，磁场会约束磁性磨粒形成磁粒刷，并产生与毛刺的相对运动，这是实现边缘毛刺精加工的关键基础。图 7.34（b）为螺旋进给式偏心研磨（方案二），即用一个磁极来约束磁性磨粒，但磁极轴与孔轴偏移了一个距离（偏心距），当磁极自转时，磁极轴也会绕孔轴公转，磁极自转速度为 n_1，围绕孔的公转速度为 n_2。

磁粒刷上某个磁粒的运动轨迹方程如式（7.14）所示，分别绘制两种研磨方案的加工轨迹如图 7.35 所示，可以看出磨粒在孔缘毛刺处的运动轨迹呈现多向性。

$$\begin{cases} x = r_2 \cdot \cos\left(\dfrac{\pi n_2}{30} \cdot t\right) + r_1 \cdot \cos\left(\dfrac{\pi n_1}{30} \cdot t\right) \\ y = r_1 \cdot \sin\left(\dfrac{\pi n_1}{30} \cdot t\right) - r_2 \cdot \sin\left(\dfrac{\pi n_2}{30} \cdot t\right) \end{cases} \tag{7.14}$$

式中，x 为水平加工距离，mm；y 为纵向加工距离，mm；r_1 为从加工点到孔圆心的距离，mm；r_2 为从加工点到磁极中心的距离，mm；t 为加工时间，s。

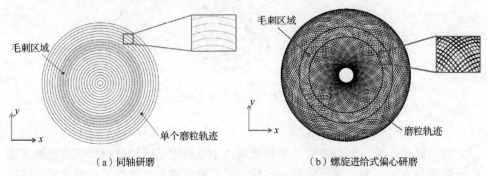

（a）同轴研磨　　　　　　　　　　　（b）螺旋进给式偏心研磨

图 7.35　两种方案的研磨轨迹对比

根据普林斯顿方程，可以得到式（7.15）材料去除量 M 与研磨压力 P 和相对运动速度 V 成正比，因此，当相对运动速度恒定时，研磨压力将直接影响材料的去除量，然后决定研磨加工效率。另有如式（7.9）所示，研磨压力 P 与磁感应强度 B 的平方成正比，即磁感应强度可以改善研磨压力。当毛刺的高度减小时，磁粒刷和毛刺之间的间隙增加，并且接触处的磁感应强度减小，使得研磨压力 P 也减小，并且最终材料去除量 M 减小。毛刺的高度的变化趋势比初始阶段要弱。另外，毛刺的底部与基板之间的接触相对牢固，并且此时的毛刺去除机理主要是依靠磨粒与毛刺之间的研磨。在研磨过程中，需要去除的毛刺体积较尖部时逐渐增大，也会使得去除效率逐渐下降。

$$M = kPVt \tag{7.15}$$

式中，k 为常数；P 为研磨压力，Pa；V 为相对运动速度，m/s；t 为精加工时间，s。

两种方案的毛刺受力状态分析如图 7.36 所示。

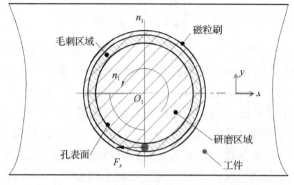

（a）同轴研磨

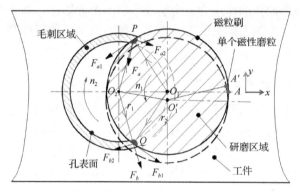

（b）螺旋进给式偏心研磨

图 7.36　毛刺受力状态比较

如图 7.36（a）所示，由磁极磁场束缚的磁性磨粒形成的磁粒刷与孔的轴线重合，磁粒刷与整个孔的毛刺接触。对毛刺进行受力分析，磁粒刷对毛刺产生两个主作用力 F_z（图中未标示）和 F_x。F_z 是磁性磨粒沿孔轴线对毛刺的压力，根据式（7.15）可知这会影响毛刺去除的效率。F_x 与 F_z 都是跟磁粒刷与工件之间的相对运动有关的研磨作用力。F_x 的方向与圆周相切，这会影响毛刺去除的模式，例如裹挟拉伸失效断裂，弯曲疲劳脱落或以磨粒对毛刺挤压、划擦为主的磨削。图 7.36（a）还表明，理论上施加在毛刺上的力在孔的法线方向上没有分力，即毛刺只能沿孔的切线方向倾斜，但是位于倾斜方向上的其他邻近毛刺将产生支撑反力，从而抑制或减弱毛刺倾斜趋势，使毛刺倾倒断裂的概率降低。当磁极旋转速度恒定时，F_x 的值也恒定，理论上毛刺也不会向孔的内部或外部倾斜，毛刺由于疲劳而脱落的可能性相对较低。因此，毛刺去除机理主要是基于逐渐研磨。如图 7.36（b）所示，在方案二中选择了磁粒刷典型修整区域（P 和 Q）中的孔出口毛刺，以分析毛刺去除的机理，两个区域的平面作用力表达式如下：

$$\begin{cases} F_a = F_{a1} + F_{a2} \\ F_b = F_{b1} + F_{b2} \end{cases} \tag{7.16}$$

式中，F_{a1} 为与磁极旋转速度 n_1 有关的精加工力，该力的方向与磁粒刷的圆周相切，垂直于 r_1，N；F_{a2} 为由与公转转速 n_2 相关的磁性磨粒产生的推力，该力的方向与旋转轴的圆周相切，垂直于 r_2，N；F_a 为 F_{a1} 和 F_{a2} 的合力，F_{a3} 的方向（图7.36 中未标示）沿着孔轴，与受磁极约束的磁性磨粒有关。F_b、F_{b1} 和 F_{b2} 的原理与 F_a、F_{a1} 和 F_{a2} 的原理相同，并且对应值也相近似，而 F_b 的方向指向孔的外部。

随着研磨时间的不断增加，某毛刺受到 P 区域和 Q 区域交替作用，使得毛刺在工件表面的合力方向呈现周期性变化。毛刺有时会向孔内弯曲，有时会向孔外弯曲。当变形超过一定的允许值时，将导致一些毛刺出现裂纹，并最终破裂和脱落。此外，这种周期性的作用力也会引起毛刺疲劳并脱落。基于毛刺受力的理论分析，可知方案二中的毛刺去除方式更多，即改进的轨迹研磨是更有利的，这与力分析的结果一致。

2. 毛刺类型及去除方式分析

钻削或者铣削制孔的孔缘毛刺主要指孔入口毛刺及孔出口毛刺。孔的入口毛刺尺寸一般较小，而孔出口因受到刀具轴向力的作用，毛刺尺寸较大。通过合理改善刀具结构和制孔工艺参数，入口的毛刺可以控制在技术参数要求之内，而出口毛刺则多需要后续工序进一步处理。孔出口的毛刺一般分为Ⅰ、Ⅱ、Ⅲ三种类型[41]。

Ⅰ型毛刺：毛刺向孔内凹陷，也称作负毛刺。一般情况下，此类毛刺的高度和厚度都非常小。Ⅰ型毛刺对工件精度和性能的影响不是很大，但对工件的定位精度和装配精度等容易造成影响。

Ⅱ型毛刺：毛刺凸出加工孔，附在孔的周围。此类毛刺高度小于孔的半径，毛刺厚度一般小于毛刺高度。Ⅱ型毛刺对工件精度和性能有一定的影响，在工件的精密与超精密加工中，Ⅱ型毛刺不得不加以控制或去除，限制了生产率提升和加工成本的降低。

Ⅲ型毛刺：此类毛刺跟Ⅱ型毛刺一样，凸出工件终端面，附在加工孔周围。但Ⅲ型毛刺的尺寸比前两者都大，是钻削加工中毛刺尺寸最大的，毛刺高度接近孔的半径。Ⅲ型毛刺都必须去除，通常情况，采用合理的制孔方案和制孔工艺，可以最大限度地避免出现Ⅲ型毛刺。

在出口的三种类型的毛刺中，Ⅰ型和Ⅲ型都已经得到了很好的控制，而Ⅱ型毛刺去除成为提升孔缘质量的研究重点。Ⅱ型毛刺一般有三种主要形态，如图 7.37所示，Ⅱ-A 型毛刺较为独立，呈颗粒状，且与孔缘的接触区域较小；Ⅱ-B 型毛刺呈薄壁状，高度远大于毛刺厚度；Ⅱ-C 型毛刺呈丘状，毛刺抗变形能力强。

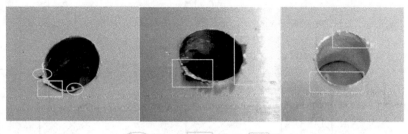

○ II-A　　□ II-B　　□ II-C

图 7.37　II 型毛刺的三种形态对比

因方案二较方案一毛刺的受力状态以及磁性磨粒运动轨迹更加复杂，所以针对 II 型毛刺的三种形态，分别研究毛刺的去除形式。方案二研磨时，磁性磨粒对毛刺的作用如图 7.38 所示，磁极采用"自转+公转"的螺旋进给运动方式，复杂运动的磁性磨粒加速了磨粒的翻滚和更替，使磨粒切削刃不断更新，提高了毛刺去除的效率。

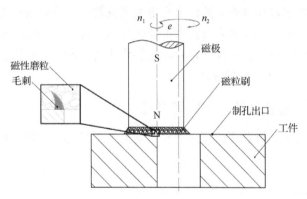

图 7.38　磁性磨粒对毛刺作用力示意

毛刺在多个磁粒综合作用下，尽管合力具有方向性，但围绕在毛刺周边的其他方向的磁粒对毛刺的倾倒起到了良好抑制作用，即在孔缘毛刺的去除试验中，极少出现毛刺翻到孔内的现象，大幅减轻了后续人工检查清理工作量，这也间接提高了毛刺的去除效率。另外，磁粒刷运动轨迹复杂也会使得磨粒对毛刺的作用力得以进一步提高，且作用力方向也较方案一更加多向，这种多向研磨力作用在孔缘的毛刺上后，提升了毛刺的去除效率，如图 7.39 所示。从图中可以看出，II-A 型毛刺被磁性磨粒裹挟拉断或弯折脱落［图 7.39（a）］，II-B 型毛刺在磁性磨粒作用下，易出现弯折变形，被折断脱落或在周期作用力下往复变形并最终疲劳脱落［图 7.39（b）］；II-C 型毛刺则主要由磁性磨粒与其相互作用，被逐渐研磨去除［图 7.39（c）］。

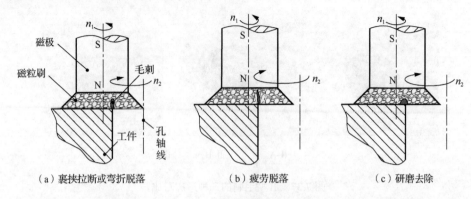

（a）裹挟拉断或弯折脱落　　　　　（b）疲劳脱落　　　　　（c）研磨去除

图 7.39　毛刺的去除方式分析

与方案一相比较，方案二增加螺旋进给后的毛刺去除方式，使得毛刺受力沿孔缘的法向呈现多向性，增加了毛刺沿孔缘法向倾斜的变形量，从而可以显著提高Ⅱ-B 型毛刺的疲劳去除效率；在方案二研磨时，磁性磨粒对Ⅱ-C 型毛刺的多向性划擦也可有效提升去除效率。另外，方案二通过合理规划"自转+公转"的转速值，可以使磁粒刷对孔缘毛刺的作用力更具方向性，进一步加速毛刺的折断、疲劳脱落或被逐渐磨除，提高毛刺去除质量和效率。而方案一时，$e=0$，$n_2=0$，毛刺的受力状态主要集中在沿孔缘的切向，这种作用力不利于毛刺沿孔缘弯曲变形，Ⅱ-B 型毛刺的去除效率也相应降低。

7.4.2　TC4 钛合金孔缘毛刺去除试验

为了验证孔缘毛刺去除机理并研究毛刺去除工艺，选择 TC4 钛合金孔作为毛刺去除的研究对象，其孔径为 10mm。

1.　试验条件

使用同轴研磨（方案一）和螺旋进给式偏心研磨（方案二）进行对比试验研究。表 7.6 为磁力研磨去除 TC4 钛合金孔缘毛刺的试验条件，每 2min 检测一次孔缘毛刺的高度，并计算出四个典型毛刺高度的平均值。磁性磨粒由铁粉与三氧化二铝烧结而成，破碎并筛分后，选取平均粒径 250μm 的磁性磨粒用于试验，水基式研磨液能够更好地降低加工区域的温度，而每次检测前，都要对研磨工件使用超声波清洗和暖风吹干。

表 7.6　TC4 钛合金孔出口毛刺去除试验条件

名称	方案一	方案二
工件	TC4 钛合金，孔 ϕ10mm ×12mm	
磨料类型	烧结磨料（Fe+Al$_2$O$_3$）；平均粒径 250μm；总量 30g	
研磨液	水基式研磨液	

续表

名称	方案一	方案二
磁极类型与尺寸	钕铁硼，轴向充磁，$\phi 12\text{mm} \times 30\text{mm}$	
加工间隙 c	2mm	
磁极转速 n_1	1500r/min	
公转速度 n_2	0	100r/min
偏心距 e	0	5mm
研磨时间 t	12min	10min

2. 结果与讨论

TC4 钛合金制孔后出口毛刺如图 7.40 所示。从图中可以看出，毛刺普遍较短，其形状多数呈丘状，经过观察与分析，此类毛刺属于 II-C 型毛刺。

图 7.40　TC4 钛合金孔出口毛刺形貌

两种研磨试验结束后，其出口毛刺高度的比较如图 7.41 所示。经过试验验证，两种研磨方案的结果与理论分析一致，方案一的研磨效率明显低于方案二。以方案二中的毛刺为观察对象，其研磨前后毛刺的形貌对比如表 7.7 所示。从表中可以看出，毛刺基本都被去除，孔件表面平整，加工质量较高。

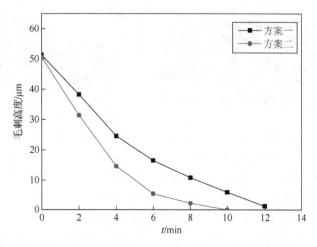

图 7.41　两种方案毛刺高度的比较

表 7.7 TC4 钛合金孔出口毛刺微观形貌对比

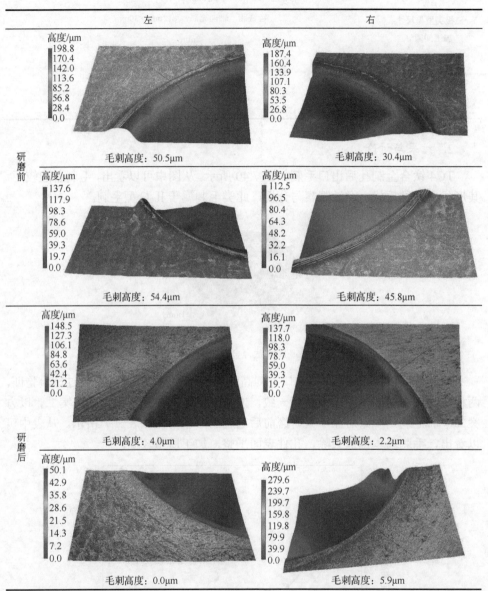

图 7.41 为 TC4 钛合金孔的出口毛刺高度变化过程,利用超景深三维显微镜测取其孔缘毛刺的高度,取其 4 处毛刺的高度计算平均值,初始时均约 52μm。随着研磨时间的逐渐增加,两种方案毛刺的高度都逐渐下降。在前 4min,两种方案毛刺的去除效率普遍高于后期,但方案二的去除效率高于方案一;毛刺都基本完全去除,方案二需要 10min,方案一需要 12min,方案二比方案一的去除效率提

高了 16.7%。方案二研磨时，磁性磨粒运动轨迹复杂，对毛刺表面形成的作用力呈现多向性，有利于毛刺被研磨去除，这与毛刺去除的机理分析相一致。总结来看，使用方案二可以更有效去除 TC4 钛合金孔出口的 II-C 型毛刺，引入螺旋进给运动的 MAF 法对孔缘毛刺的去除效率比方案一提高了 16.7%。

7.5 本章小结

根据孔表面加工需求，本章提出了螺旋运动与 MAF 法复合的磁极同轴回位式偏心研磨方案，分析了光整时的磨粒受力和磁场分布，建立了磁场仿真模型。基于 Maxwell 软件的磁场仿真模型，分析磁极充磁方向和偏心距对不同类型材料（导磁与非导磁）的影响。对 TC4 钛合金孔，本章提出了同轴回位的偏心研磨方案，在磁极转速 2100r/min、磨料粒径 250μm、填充量 10g、偏心距 e=1mm 时，研磨 30min 后，TC4 钛合金孔的表面粗糙度 Ra 降至 0.44μm，微观形貌均匀，与传统同轴 MAF 方案对比，表面粗糙度 Ra 下降 14.4%，研磨效率提升 25.0%，螺旋进给式偏心研磨方案使研磨轨迹变得复杂，同时磁粒刷形态频繁复原，大幅提升了孔表面光整效率和光整质量。

根据孔缘毛刺去除需求，本章提出了螺旋运动与 MAF 法复合的磁极螺旋进给式偏心研磨方案，分析了加工时孔缘毛刺的受力和材料去除机理，得出了不同类型毛刺的去除机理，可为 MAF 法毛刺去除研究提供理论参考。基于螺旋进给式偏心研磨毛刺去除方案，对于 TC4 钛合金，n_1=1500r/min、n_2=100r/min、e=5mm 时可以更有效去除 ϕ10mm 孔出口毛刺，毛刺去除效率提高了 16.7%。结果表明，引入螺旋进给式的新型毛刺去除方案后，磨粒对毛刺的作用力更具多向性，这种多向性的研磨力进一步提升了毛刺去除效率。

参考文献

[1] 焦安源，全洪军，李宗泽，等. 磁力研磨法光整外环槽的工艺参数研究[J]. 组合机床与自动化加工技术，2015（10）：119-123.

[2] 焦安源，李宗泽，邹艳华. 基于恒压的平面磁力研磨效果分析[J]. 制造技术与机床，2014（8）：37-41.

[3] Shinmura T, Takazawa K, Hatano E, et al. Study on magnetic abrasive finishing[J]. CIRP Annals-Manufacturing Technology, 1990, 39(1):325-328.

[4] Jiao A Y, Quan H J, Li Z Z, et al. Study of magnetic abrasive finishing in seal ring groove surface operations[J]. International Journal of Advanced Manufacturing Technology, 2016, 85(5):1195-1205.

[5] 全洪军. 典型孔精密研磨工艺与试验研究[D]. 鞍山：辽宁科技大学，2016.

[6] 孟庆涛. 磁力研磨加工实验研究[D]. 大连：大连理工大学，2006.

[7] 李伯民，赵波，李清. 磨料、磨具与磨削技术[M]. 北京：化学工业出版社，2009.

[8] 陈红玲，张银喜. 磁性磨料磨粒的磨削机理研究[J]. 太原理工大学学报，2000（5）：562-565.

[9] 宁静. 基于等量磨削的自由曲面磁性研磨的机理和实验研究[D]. 太原：太原理工大学，2008.

[10] 陈燕. 磁粒研磨加工技术及应用[M]. 北京：科学出版社，2021.

[11] 曹志强. 基于机器人的液流悬浮研抛加工理论与试验研究[D]. 长春：吉林大学，2004.

[12] 李长河，欧阳伟，盛卫卫，等. 基于并联机器人模具型腔磁力研磨光整加工[J]. 模具制造，2007（11）：58-62.

[13] 蔡长春，徐志锋，刘新才，等. 通用永磁研磨极头的研制[J]. 机械，2003，30（5）：83-85.

[14] 高玉龙. 磁力研磨光整加工及磁性磨料制备技术的研究与应用[D]. 淄博：山东理工大学，2009.

[15] 王春仁. 基于单片机的旋转磁场磁力研磨加工的计算机仿真与系统设计[D]. 大连：大连理工大学，2002.

[16] Wang Y, Hu D J. Mechanical cutting model of magnetic abrasive particles and analysis of experimental results[J]. Advances in Engineering Plasticity and Its Applications, 2004, 274-276: 451-456.

[17] Shinmura T, Aizawa T. Study on internal finishing of a non-ferromagnetic tubing by magnetic abrasive machining process[J]. Bulletin of the Japan Society of Precision Engineering, 1989, 23(1):37-41.

[18] Yamaguchi H, Shinmura T. Internal finishing process for alumina ceramic components by a magnetic field assisted finishing process[J]. Precision Engineering, 2004, 28(2):135-142.

[19] Jaina V K, Kumar P, Bechrae P K. Effect of working gap and circumferential speed on the performance of magnetic abrasive finishing process[J]. Wear, 2001, 250:384-390.

[20] Kim J D, Choi M S. Development and finite element analysis of the finishing system using rotating magnetic field[J]. International Journal of Machine Tools and Manufacture, 1996, 36(2):245-253.

[21] Kim T W, Kang D M, Kwak J S. Application of magnetic abrasive polishing to composite materials[J]. Journal of Mechanical Science and Technology, 2010, 24(5):1029-1034.

[22] Kwak J S, Kim Y S. Mechanical properties and grinding performance on aluminum-based metal matrix composites[J]. Journal of Materials Processing Technology, 2008, 201(1):596-600.

[23] 焦安源，全洪军，邹艳华. 平面研磨中磁粒刷运动轨迹规划的实验研究[J]. 机械设计与制造，2015（10）：84-87.

[24] 王志东. 复杂曲面数值模拟与抛光工艺研究[D]. 鞍山：辽宁科技大学，2012.

[25] 杨海吉，邓祥伟，韩冰，等. 超声波辅助磁力研磨 TC4 薄壁细长管内表面研究[J]. 组合机床与自动化加工技术，2018（2）：30-33.

[26] 韩冰，邓超，陈燕. 球形磁铁在弯管内表面磁力研磨中的应用[J]. 摩擦学学报，2013，33（6）：565-570.

[27] 陈燕，张广彬，韩冰，等. 磁力研磨法对陶瓷管内表面超精密抛光技术的试验研究[J]. 摩擦学学报，2015，35（2）：131-137.

[28] 陈红玲. 磁性磨料的开发研制及其加工特性的实验研究[D]. 太原：太原理工大学，2000.

[29] 苏荣环. 微尺度铣磨加工表面质量控制方法的研究[D]. 沈阳：东北大学，2010.

[30] 方建成，佘沃吉，徐文骥，等. 磁场电化学磁粒复合光整加工实验研究[J]. 中国机械工程，2001，12（9）：1033-1036.

[31] 刘国跃. 电化学磁力研磨复合加工工艺及机理研究[D]. 广州：广东工业大学，2012.

[32] 金东燮，陈玉全，张同林. 电解磁力研磨技术的开发及其机理的研究[J]. 磨料磨具与磨削，1993（2）：26-29.

[33] 赵玉刚，周锦进，江世成. 复杂曲面三坐标数字化磁粒光整加工控制系统[J]. 中国机械工程，1999，19（1）：1-3.

[34] 吕英华. 计算电磁学的数值方法[M]. 北京：清华大学出版社，2006.

[35] 尹绍辉. 磁场辅助超精密光整加工技术[M]. 长沙：湖南大学出版社，2009.

[36] Jayswal S C, Jain V K, Dixit P M. Modeling and simulation of magnetic abrasive finishing process[J]. International Journal of Advanced Manufacturing Technology, 2005, 26(5):477-490.

[37] 马西奎. 电磁场理论及应用[M]. 西安：交通大学出版社，2000.

[38] 杨长盛，朱荻，明平美. 电解研磨复合加工技术在孔后处理中的应用[J]. 电加工与模具，2006（2）：27-30.

[39] Jiao A Y, Quan H J, Li Z Z, et al. Study on improving the trajectory to elevate the surface quality of plane magnetic abrasive finishing[J]. International Journal of Advanced Manufacturing Technology, 2015, 80(9-12):1613-1623.

[40] Yamaguchi H, Kang J, Hashimoto F. Metastable austenitic stainless steel tool for magnetic abrasive finishing[J]. CIRP Annals-Manufacturing Technology, 2011, 60(1):339-342.

[41] 石贵峰. 钻削毛刺形成机理及其控制技术研究[D]. 镇江：江苏大学，2016.